# Orange Baby

· · ·

爸媽最安心的嬰幼兒副食品

**Orange Baby**

• • •

爸媽最安心的嬰幼兒副食品

# 爸媽最安·心·的

# 嬰幼兒副食品

## 專業營養師為寶貝量身打造的副食品全書

營養師一次告訴你！

宋明樺・林俐岑 營養師 著

收錄每個父母最想問的寶貝副食品Q&A，
適合的餵食方式、讓寶寶吃好又吃飽的秘訣！

# 推薦序

現在網路世界有太多資訊，眼花撩亂讓人無所適從。

很多新手爸媽或者是第二胎、第三胎的媽媽，都會擔心趕不上資訊，像我在月子中心也常聽到媽媽們詢問，寶寶的副食品要怎麼準備才營養，要怎麼做才是對寶寶最好的。

現在明樺和俐岑兩位優秀的營養師出書，兩位同時是媽媽又有營養師的專業，為大家整理了他們的育兒經驗，以及父母最想知道的育兒資訊。如：寶寶開始想吃奶以外的食物，會有哪些徵兆？嬰幼兒生長發育會有什麼生理變化？每個寶寶的體質和喜歡的口味不同，又有哪些副食品的派別能做選擇？

我有遇過媽咪都只給孩子吃泥狀、糊狀的副食品，但這樣會容易增加孩子挑食的機率，關於寶寶飲食的顆粒型態，在書中也有表格說明，讓各位爸媽們參考。書裡還有寶寶食譜，有超級美味又可愛的健康甜品，相信寶寶們吃了也會很開心！雖然這本書是介紹副食品，但兩位營養師在書中，也介紹了營養學的基礎知識，不論在哪個階段，在幫家人備餐時都可以參考。

我和明樺常常會在節目中遇到，就會三不五時聊聊媽媽經；俐岑出了很多烹飪的書，跟她一起拍過影片，覺得她很溫柔，手藝也很不錯！我是婉萍營養師，我相信這是一本非常適合所有爸媽的幼教工具書，推薦給你們！

李婉萍／榮新診所營養師

# 推薦序

　　我的好朋友明樺又出新書啦！

　　這次的書我很期待，教新手爸媽如何做出健康好吃又營養的副食品。我自己在家帶小孩時，也經歷過副食品的階段，必須說孩子的口味真的是爸媽的一大挑戰，身為功能營養醫學的醫師，也很希望能透過副食品給自己的小寶貝吃出健康的好體質。

　　如何在健康、口味、飲食均衡中，去做出最完美的搭配！這本書中詳細的介紹每個月齡寶寶所需要的營養需求，搭配對應的營養食物配方，給正在為寶貝孩子飲食困擾的父母親，提供最好的方法跟建議！強力推薦！

陳欣湄／中山醫院家庭醫學科主治醫師

# 作者序

宋明樺 營養師

　　民以食為天，從寶寶呱呱墜地開始，他們開始利用身體的每一個部分來探索這個屬於他們的新世界，身體最先開始學習的其中一個部位就是「嘴巴」，利用接觸食物來認識這個世界。剛出生的吸吮母乳或配方奶，到 4 ～ 6 個月之後開始陸陸續續接觸副食品，都是小朋友探索這個世界的過程，而這本書主軸就是探討嬰幼兒的副食品與餵養方式。

　　身為雙寶媽同時又是一位專業的營養師，對於家裡哥哥與妹妹每天、每口吃進去的食物我都會特別講究，有些長輩偶爾給予的「一點點」或是「一些些」我認為的 NG 食物，都是我無法接受的！我認為小孩就像一張白紙，若是越早給予他一些不適合、不正確的食物（如：重鹹、重甜等），可能會讓他喪失認識天然食物所具備的自然味道。常常很多人會問我，打算規劃小孩子的飲食到什麼時候？說真的，我沒有正確答案，但是我認為從小建立良好的飲食概念（食育），會讓小朋友長大成人過程中，對於飲食的選擇一定會很大且正面的影響！

　　此本書完整的說明副食品的時程、種類與禁忌外，還介紹了多種

副食品給予的方式選擇，因為我與俐岑都是會下廚的營養師媽媽，所以當中還包含了許多我們平常在家中會料理給小孩的均衡營養料理、點心與湯品。最重要的是，都是非常簡單容易上手且大受小孩歡迎的食譜內容，希望對於手忙腳亂的新手媽媽在育兒過程中，「副食品」相關部分可以兼具營養均衡又可以變得更輕鬆與簡單。

# 作者序

林俐岑 營養師

　　育兒從來就不是件簡單的事，若有一本營養師媽媽的育兒分享，可以讓你在育兒路上輕鬆些！

　　距離上一胎，時隔快七年，我才又迎來二寶弟弟，湊足了一對「好」，人生似乎也就圓滿了！但養育孩子一直都不是件輕鬆簡單的事情，時常自我對話，這一胎照顧起稚嫩的嬰幼兒，心境和七年前的時候截然不同，或許不是新手媽媽了，少了慌張、手忙腳亂，就如同老一輩說的：「第一胎照書養、第二胎照豬養」，於心境不同，做法也不同了！

　　若你是新手媽媽，這本書可以提供您非常充足的營養知識以及副食品製備的實用食譜。而我自己兩胎都是母奶餵養長大的孩子，在副食品的給予上面，書裡也有許多分享與介紹。在孩子大一些之後，更可以帶著孩子一起做健康的烘焙點心，即使一歲多的孩子，也可以當媽媽的廚房小幫手，幫忙洗洗蔬果、攪拌雞蛋等，可以促進親子感情的互動，也因為孩子也有參與料理，不僅可以提升孩子的進食量外，孩子也會因為完成了一件事情而增進自信心喔！

　　營養師的孩子是不是都吃得很健康呢？這是我們身為營養師媽媽，時常被詢問的問題，其實我們更在乎的是，每餐餐食的搭配是否均衡，不同年齡層所給予的食物質地、方式以及營養需求有所不同，

所以在這本書裡你可以有更進一步的了解。孩子的餵養方式不是一成不變，而是要傾聽孩子的成長密碼，更多時候是身為家長要跟得上孩子的成長速度及需求。

這本書有別於其他的嬰幼兒副食品書籍，分享更多如何透過適當的湯品來為孩子的健康加分，以及如何製作健康的烘焙點心。我擅長將營養與烘焙料理做結合，所以許多朋友總是羨慕我可以製作許多兼顧健康、營養又美味的點心給孩子吃，這次也會與大家分享我常做給孩子吃的點心食譜，完整收錄於這本嬰幼兒食譜書籍內，鼓勵家長可以找時間與孩子一起同樂喔！這本書不單單只是育兒飲食知識的傳遞，更多是營養師媽媽育兒的副食品製備食譜、點心製作的心得分享，希望能帶給第一次當新手爸媽滿滿的正能量。

我時常覺得孩子是上天給我們的禮物，也是一種甜蜜的負荷，因為帶著孩子，我們再次重溫幼兒時期，外界快速的運轉著，我們的心反而要慢，慢下來聆聽孩子的需求，慢下來重新學習，不求是 100 分的爸媽，但求和孩子一同成長，與各位爸媽共勉之！

## Part 1 副食品的必備常識 & 超實用 Q A

### 🍼 寶貝何時開始要準備吃副食品呢？

⭐ 寶寶開始想吃奶以外的食物，會有哪些微兆呢？ ⋯⋯⋯⋯⋯ 016

☑ 嬰幼兒生長發育的生理變化 ⋯⋯⋯⋯⋯⋯⋯⋯⋯⋯ 017

☑ 為何要給予副食品 ⋯⋯⋯⋯⋯⋯⋯⋯⋯⋯⋯⋯⋯⋯ 022

☑ 副食品入門原則 ⋯⋯⋯⋯⋯⋯⋯⋯⋯⋯⋯⋯⋯⋯⋯ 022

⭐ 吃副食品有很多派別，寶貝適合哪一種呢？ ⋯⋯⋯⋯⋯⋯ 023

☑ 什麼是 BLW 餵食法？ ⋯⋯⋯⋯⋯⋯⋯⋯⋯⋯⋯⋯ 024

☑ 什麼是傳統漸進式餵食法？ ⋯⋯⋯⋯⋯⋯⋯⋯⋯⋯ 027

☑ 什麼是彈性混合法？ ⋯⋯⋯⋯⋯⋯⋯⋯⋯⋯⋯⋯⋯ 028

### 🍼 超實用副食品 Q & A

⭐ 最多媽媽都想問的副食品餵食問題 ⋯⋯⋯⋯⋯⋯⋯⋯⋯ 030

☑ 容易引起過敏的食物是否越晚吃越好？ ⋯⋯⋯⋯⋯⋯ 030

☑ 副食品需要使用食鹽調味嗎？ ⋯⋯⋯⋯⋯⋯⋯⋯⋯ 031

☑ 副食品需要額外再添加油嗎？ ⋯⋯⋯⋯⋯⋯⋯⋯⋯ 032

☑ DHA 對寶寶腦部發育很重要，

需要額外給寶寶吃保健食品的魚油嗎？ ⋯⋯⋯⋯⋯ 036

☑ 沒時間煮飯，怎麼幫寶貝準備副食品呢？ ⋯⋯⋯⋯⋯ 038

☑ 母奶寶寶怎麼吃副食品？ ⋯⋯⋯⋯⋯⋯⋯⋯⋯⋯⋯ 039

☑ 寶寶不愛吃副食品或是挑食怎麼辦？ ⋯⋯⋯⋯⋯⋯⋯ 041

☑ 寶貝的副食品一定都要是泥狀的嗎？ ⋯⋯⋯⋯⋯⋯⋯ 042

☑ 寶貝吃副食品便祕了，該怎麼辦？ ⋯⋯⋯⋯⋯⋯⋯⋯ 045

☑ 嬰幼兒何時可以喝鮮奶？ ⋯⋯⋯⋯⋯⋯⋯⋯⋯⋯⋯ 047

☑ 嬰幼兒容易缺乏哪些營養素？ ⋯⋯⋯⋯⋯⋯⋯⋯⋯ 048

☑ 嬰幼兒幾歲可以吃起司呢？起司該如何挑選？ ⋯⋯⋯ 058

☑ 1 歲以上的寶寶要換成喝成長奶粉嗎？什麼是成長奶粉？ ⋯ 059

☑ 1 歲以上的寶寶可以吃含糖的食物嗎？ ⋯⋯⋯⋯⋯⋯ 060

☑ 嬰幼兒可以喝果汁嗎？ ⋯⋯⋯⋯⋯⋯⋯⋯⋯⋯⋯⋯ 061

☑ 哪些食物要留意嬰幼兒不宜食用？ ⋯⋯⋯⋯⋯⋯⋯ 063

☑ 外出時寶寶的副食品如何準備？ ⋯⋯⋯⋯⋯⋯⋯⋯ 067

☑ 市售寶寶副食品如何挑選？ ⋯⋯⋯⋯⋯⋯⋯⋯⋯⋯ 068

☑ 寶貝可以吃點心嗎？ ⋯⋯⋯⋯⋯⋯⋯⋯⋯⋯⋯⋯⋯ 069

☑ 寶貝需要額外攝取益生菌嗎？ ⋯⋯⋯⋯⋯⋯⋯⋯⋯ 070

☑ 寶貝需要額外吃營養補充品嗎？ ⋯⋯⋯⋯⋯⋯⋯⋯ 072

Part 2 **自己準備副食品很安心**

🍼 依不同月齡寶寶準備副食品攻略及注意事項 ⋯⋯⋯ 074

🍼 一歲以內的小寶寶副食品該吃什麼？吃的營養嗎？ ⋯ 078

🍼 寶寶粥製作重點 ⋯⋯⋯⋯⋯⋯⋯⋯⋯⋯⋯⋯⋯⋯⋯ 081

★ 寶寶粥架構 ⋯⋯⋯⋯⋯⋯⋯⋯⋯⋯⋯⋯⋯⋯⋯⋯ 081

## Part 3　工具篇：工欲善其事，必先利其器

🍼 **副食品的製備需要準備哪些東西？** ⋯⋯⋯⋯⋯⋯⋯⋯⋯⋯ 090

　★ 不同年紀，給予的食物大小及質地也不同 ⋯⋯⋯⋯⋯⋯ 090

　★ 各類常見食材清洗切割注意事項 ⋯⋯⋯⋯⋯⋯⋯⋯⋯ 092

　★ 處理食材過程要避免生熟食交叉汙染 ⋯⋯⋯⋯⋯⋯⋯ 092

　★ 注意食物有所謂的「危險溫度帶」⋯⋯⋯⋯⋯⋯⋯⋯⋯ 092

🍼 **常用的副食品製作工具說明** ⋯⋯⋯⋯⋯⋯⋯⋯⋯⋯⋯ 093

　★ 加熱工具 ⋯⋯⋯⋯⋯⋯⋯⋯⋯⋯⋯⋯⋯⋯⋯⋯⋯⋯⋯ 093

　★ 攪打、切碎工具 ⋯⋯⋯⋯⋯⋯⋯⋯⋯⋯⋯⋯⋯⋯⋯⋯ 094

　★ 儲存、保存工具 ⋯⋯⋯⋯⋯⋯⋯⋯⋯⋯⋯⋯⋯⋯⋯⋯ 095

　★ 常見的副食品存放容器 ⋯⋯⋯⋯⋯⋯⋯⋯⋯⋯⋯⋯⋯ 096

　★ 盛裝容器 ⋯⋯⋯⋯⋯⋯⋯⋯⋯⋯⋯⋯⋯⋯⋯⋯⋯⋯⋯ 097

　★ 其他餐食相關配件 ⋯⋯⋯⋯⋯⋯⋯⋯⋯⋯⋯⋯⋯⋯⋯ 101

## Part 4 各月齡寶貝副食品全收錄

### 🍼 食物泥、寶寶粥品

白米糊、胚芽米糊 ································· 106

蔬果泥 ································· 108

魚泥、肉泥 ································· 110

粥品—菠菜牛肉胚芽粥 ································· 112

粥品—昆布魚蓉胚芽粥 ································· 114

粥品—蔬食雞蓉胚芽粥 ································· 116

粥品—胡蘿蔔蛋黃豆腐胚芽粥 ································· 118

粥品—黑芝麻番薯小米粥 ································· 120

粥品—昆布鮭魚五穀粥 ································· 122

粥品—菠菜牛肉燕麥粥 ································· 124

粥品—蔬食雞茸山藥粥 ································· 126

粥品—南瓜小松菜牛肉粥 ································· 128

### 🍼 寶貝點心

水果奶酪 ································· 130

高鈣芝麻牛奶餅乾 ································· 132

福氣小饅頭 ································· 134

迷你動物造型饅頭 ································· 136

迷你三角蘋果派 ································· 138

椰糖全麥戚風蛋糕 ⋯⋯⋯⋯⋯⋯⋯⋯⋯⋯⋯⋯ 140

壓模餅乾 （動物、童趣壓模） ⋯⋯⋯⋯⋯ 144

手揉優格葡萄乾小餐包 ⋯⋯⋯⋯⋯⋯⋯⋯⋯ 146

一口芝麻鬆餅 ⋯⋯⋯⋯⋯⋯⋯⋯⋯⋯⋯⋯⋯ 148

水果優格冰棒 ⋯⋯⋯⋯⋯⋯⋯⋯⋯⋯⋯⋯⋯ 150

香軟麵包布丁 ⋯⋯⋯⋯⋯⋯⋯⋯⋯⋯⋯⋯⋯ 152

海苔起司玉子燒 ⋯⋯⋯⋯⋯⋯⋯⋯⋯⋯⋯⋯ 154

彩色豆腐湯圓 ⋯⋯⋯⋯⋯⋯⋯⋯⋯⋯⋯⋯⋯ 156

迷你手擀小披薩 ⋯⋯⋯⋯⋯⋯⋯⋯⋯⋯⋯⋯ 158

彩色繽紛水餃 ⋯⋯⋯⋯⋯⋯⋯⋯⋯⋯⋯⋯⋯ 160

銀耳燉雪梨 ⋯⋯⋯⋯⋯⋯⋯⋯⋯⋯⋯⋯⋯⋯ 164

馬鈴薯豆腐蔬菜餅 ⋯⋯⋯⋯⋯⋯⋯⋯⋯⋯⋯ 166

雞肉蔬菜丸 ⋯⋯⋯⋯⋯⋯⋯⋯⋯⋯⋯⋯⋯⋯ 168

酪梨蘋果牛奶 ⋯⋯⋯⋯⋯⋯⋯⋯⋯⋯⋯⋯⋯ 170

芝麻香蕉奶昔 ⋯⋯⋯⋯⋯⋯⋯⋯⋯⋯⋯⋯⋯ 172

## 🍼 寶貝湯品

蔥白洋蔥雞骨湯 ⋯⋯⋯⋯⋯⋯⋯⋯⋯⋯⋯⋯ 174

紅棗海帶芽排骨湯 ⋯⋯⋯⋯⋯⋯⋯⋯⋯⋯⋯ 176

冬瓜鮭魚骨湯 ⋯⋯⋯⋯⋯⋯⋯⋯⋯⋯⋯⋯⋯ 178

蒜頭烏骨雞湯 ⋯⋯⋯⋯⋯⋯⋯⋯⋯⋯⋯⋯⋯ 180

絲瓜蛤蜊湯 ⋯⋯⋯⋯⋯⋯⋯⋯⋯⋯⋯⋯⋯⋯ 182

玉米排骨湯 ⋯⋯⋯⋯⋯⋯⋯⋯⋯⋯⋯⋯⋯⋯ 184

番茄紅蘿蔔牛肉湯 ⋯⋯⋯⋯⋯⋯⋯⋯⋯⋯⋯⋯ 186

魚片豆腐味噌湯 ⋯⋯⋯⋯⋯⋯⋯⋯⋯⋯⋯⋯ 188

南瓜蔬菜濃湯 ⋯⋯⋯⋯⋯⋯⋯⋯⋯⋯⋯⋯⋯ 190

百菇排骨湯 ⋯⋯⋯⋯⋯⋯⋯⋯⋯⋯⋯⋯⋯⋯ 192

蘋果蔬菜雙骨湯 ⋯⋯⋯⋯⋯⋯⋯⋯⋯⋯⋯⋯ 193

洋蔥蛋花湯 ⋯⋯⋯⋯⋯⋯⋯⋯⋯⋯⋯⋯⋯⋯ 194

毛豆玉米筍雞骨湯 ⋯⋯⋯⋯⋯⋯⋯⋯⋯⋯⋯ 195

大黃瓜肉排湯 ⋯⋯⋯⋯⋯⋯⋯⋯⋯⋯⋯⋯⋯ 196

牛奶蔬菜毛豆濃湯 ⋯⋯⋯⋯⋯⋯⋯⋯⋯⋯⋯ 198

小魚乾鮭魚骨湯 ⋯⋯⋯⋯⋯⋯⋯⋯⋯⋯⋯⋯ 200

# Part 1

# 副食品的
# 必備常識&超實用QA

0到6歲是寶寶兒童發展的黃金時期，
其中又以4個月到3歲更是建立良好飲食習慣的重要階段。
每個階段都需要自我探索、訓練、不斷地嘗試等等，
按部就班、循序漸進的步上長大的軌道。

# 寶貝何時開始要準備吃副食品呢？

 **寶寶開始想吃奶以外的食物，會有哪些徵兆呢？**

0 到 6 歲是寶寶兒童發展的黃金時期，其中又以 4 個月到 3 歲更是建立良好飲食習慣的重要階段，雖然「吃」是本能，但寶寶們可不是一生下來就會自己飲食，即使是喝奶也是需要訓練的，更別說之後的副食品嘗試，到可以自己進食等，每個階段都需要自我探索、訓練、不斷地嘗試等等，按部就班、循序漸進的步上長大的軌道。

當寶寶順利從媽媽母體生產出來，來到這新奇且充滿挑戰的世界，哇哇大哭討奶喝，媽媽不論是哺餵母乳或是因為種種因素必須搭配配方奶，這階段就是吃、喝、拉、撒、睡，只要寶寶可以平安健康地長大，就是爸媽最欣慰的事情。你會發現，從滿月之後，寶寶開始從軟嫩的紅嬰孩，轉變成嫩白胖胖的娃兒，活動力也增加了，到了 2、3 個月大，

可以明顯發現頭頸變硬，有些寶寶甚至趴著姿態的時候，可以自己稍微把頭抬高，到了 4 個月大，不論是直立式抱著孩子或是坐姿抱著的時候，頭頸部可以直挺挺的，不會東倒西歪，這些是成長發育的姿勢性的一些表徵。

## ★ 嬰幼兒生長發育的生理變化

以下列出可以開始吃副食品的一些徵兆說明（以下資料參考衛生福利部國民健康署）：

### 1. 身高、體重發育

寶寶出生後，在前 6 個月體重增加率為每星期 0.12 ～ 0.25 公斤左右，後半年則降低至每星期 0.05 ～ 0.1 公斤。所以寶寶在 4 個月大時體重約為出生時的 2 倍，周歲時約為 3 倍（9 ～ 10 公斤左右）。寶寶的體重是飲食是否足量的最佳指標，最好每星期測量一次。出生時身高約為 50 公分，1 歲時約長至 75 公分。

### 2. 大腦發育

寶寶出生後 8 個月，腦的重量就增加為 2 倍，3 歲時為 3 倍，5 歲時約有成人的 90%左右。因為從胎兒到滿 3 歲時，腦部發育特別的快速，所以這時期要非常注意均衡的飲食及營養的需求。

### 3. 生理功能

4 ～ 6 個月時，寶寶的腸道消化及吸收蛋白質、脂肪和碳水化合物之能力快速發展，腎臟功能亦較健全，可開始接受其他食物的攝取。

### 4. 肌肉發展

寶寶最初僅會由乳頭或奶瓶吸吮及吞嚥液體，一直到能控制嘴、頸及背時，才易於以其他方式餵食。一般寶寶在 6 個月大時才會開始有咀嚼的

動作，若要以杯子直接喝時，則要能控制顎、舌，特別是嘴唇。而在 8 個月大以前，嘴唇的控制還不是很好，所以液體會由嘴角流出。當控制頸背肌肉的能力逐漸發展後，4～6 個月大的寶寶能在扶持下坐直，而到 6～8 個月大時便可自己坐直了。在 7～8 個月時，寶寶會用手去拿食物，這動作在以後數月中會越來越純熟，但通常在 1 歲之前，寶寶可能還無法自行用湯匙進食。

✦ 以下是嬰幼兒發展里程碑：參考兒童健康手冊（資料來源：國民健康署）

| 月齡 | 粗動作、細動作 | 語言、認知、身體處理及社會性表現 |
|---|---|---|
| 0～3 個月 | ➔ 1 個月大，俯臥時，骨盆平貼於床面，頭及臉部可抬離床面<br>➔ 2 個月大，拉扶坐起，只有輕微的頭部落後<br>➔ 3 個月大，俯臥時能抬頭至 45 度 | ➔ 具備聽覺定向力，能轉頭偏向音源<br>➔ 有人向寶寶說話，或聽到熟悉的聲音，寶寶會呀呀作聲回應 |
| 滿 4 個月 | ➔ 坐姿扶持，頭部幾乎一直抬起<br>➔ 抱直時，脖子豎直，頭保持在中央<br>➔ 俯臥時，會用兩隻前臂將頭抬高至 90 度<br>➔ 手能自動張開<br>➔ 常舉手作「凝視手部」<br>➔ 當搖鈴放在手中，會握住約一分鐘 | ➔ 雙眼可凝視人物並追尋移動的物品<br>➔ 對主要照顧者，會露出微笑回應 |
| 5～6 個月 | ➔ 5 個月大，會自己翻身，由俯臥變成仰臥<br>➔ 6 個月大，可以自己坐在有靠背的椅子上<br>➔ 雙手能伸向物體<br>➔ 自己能拉開在臉上的物品 | ➔ 哭鬧時，會因主要照顧者的安撫聲停止哭泣<br>➔ 逗玩時會微笑<br>➔ 餵食時會張口或用其他動作表示要吃 |

　　當然，在邁入 4 個月大後，開始會對於周遭的新事物感到好奇，像是會動的物體、聲音、光線的刺激、甚至是嗅覺、味覺等，對於爸媽手裡的食物更是感到好奇想嘗試，或是進一步發現**看到食物口水直流，吐舌反應消失**，對於之前喝的牛奶開始不感興趣，甚至是**厭奶**，奶量明顯減少許多等等，這可能都意味著，孩子準備好要嘗試看看牛奶或是母奶以外的食物囉！

　　但除了上述的一些表徵之外，家長們還可以特別留意，寶寶的**體重是否已經達到出生時的兩倍**，因為在開始嘗試副食品之前，仍需要考量到寶寶的生長曲線是否有進展，所以一般來說，副食品的給予，在 10 多年前還是建議以 6 個月當作介入的時間點，當時主要是因為擔心太早給予副食

品的介入會提高過敏的機會，但隨著營養科學的進步，許多研究也證實發現，越晚給予副食品並不會因此就減少過敏的機會，反而不利於寶寶的整體發展，所以現在的許多醫師及營養師都會建議以「4 個月大」當作副食品的介入點，但是也不是寶寶 4 個月一到，就馬上煮副食品給他嘗試，而是要請家長們觀察自己的孩子是否有以下的幾個表徵，再給予副食品的介入會是較適當的時間點：

☑ 體重是出生時的兩倍

☑ 頭頸硬挺，抱著時脖子不會東倒西歪

☑ 開始對周遭事物感興趣，特別是別人手裡、嘴巴裡、餐桌上的食物感興趣，甚至會想伸手拿

☑ 吐舌反應消失，口水分泌量增加

☑ 開始厭奶（無論是配方奶或是母奶）

　　透過上述的幾個表徵可以讓家長了解到寶寶準備好開始嘗試副食品囉！若是家中的寶寶尚未出現以上的一些表徵的話，家長也不用太心急，因為每個孩子的發展畢竟不太一樣，基本上，4 ～ 6 個月這期間給予副食品的介入都可以的喔，在嘗試副食品的這個部分，其實不單單只是寶寶的心理和生理方面都需要做準備，家長何嘗不是呢？好不容易熟悉這四個月的喝奶及日常作息了，接著又要進入副食品階段，對新手爸媽而言，的確是一大挑戰呢！

❖ 在寶寶 4 ～ 6 個月大時，可以嘗試給予副食品喔！但家長也不用過於擔心，只要跟著營養師這樣做，很快就能上手的！

## ★ 為何要給予副食品？

世界衛生組織建議，寶寶出生盡可能以母乳哺育，目標為 6 個月，之後依照寶寶發育狀況開始給予副食品。但是根據台灣寶寶出生 4 個月後有較為明顯缺鐵狀況，因此，台灣兒科醫學會以及歐洲國家皆建議 4 ～ 6 個月可以開始給予副食品，副食品的給予可有效降低寶寶營養（鐵、鈣、葉酸等）缺乏的狀況發生。

至於寶寶日常有哪些情況發生可以開始考慮開始給予副食品：

- ☑ 寶寶厭奶狀況明顯（自然發生或其他特殊原因引起）。
- ☑ 單純吃奶寶寶有明顯飢餓感。
- ☑ 寶寶明顯對食物有慾望，如：用手抓食物、食物放進嘴巴、看大人吃食物表現出很有興趣。
- ☑ 寶寶頭與脖子可以自己抬起並且穩住。
- ☑ 媽媽奶水量明顯減少。
- ☑ 手抓餐具（湯匙）很自然地放進嘴巴。

若有上述情況發生，父母或照顧者可以開始考慮給予寶寶副食品，開始訓練咀嚼、吞嚥等口腔動作，並給予多種類天然食物，包括雜糧類、根莖類、蔬菜類、水果類，副食品初期並不額外添加任何調味料，養成口味清淡的飲食習慣，為其未來一生良好的飲食習慣建立好基礎。

## ★ 副食品入門原則

- ● 4 ～ 6 個月就可以開始吃副食品。天然食物、少量多樣化、不額外添加調味料、安全情況下，可以直接跟著大人一起吃，減少照顧者

必須額外餵食的勞累感。

●若是「父母本身有過敏體質,孩子更要從 4 個月大開始給予副食品」。很多父母本身有嚴重的過敏體質,會特別擔心副食品的給予是否會造成寶寶過敏反應的發生。根據研究,「太晚給副食品不但不能減少過敏機率,反而還可能會增加」!因此,美國兒科醫學會與歐洲大部分的國家,現在大多是建議 4 ～ 6 個月開始為寶寶添加副食品,也是醫學上認為最好的時機點。

● 基本上,1 歲之前除了蜂蜜,什麼食物都可以添加,除非吃了會產生嚴重過敏症狀(也不是這輩子完全不能吃),可以待日後再重新嘗試「少量」給予,但食物質地與大小就非常重要,質地偏硬或顆粒外型的食物必須剪碎壓爛,如:堅果、花生等,3 歲以下要避免整顆餵食。

## 吃副食品有很多派別, 寶貝適合哪一種呢?

　　目前關於寶寶副食品的派別,大致上可以區分為三種類型,第一種是近幾年興起的 BLW 餵食法、第二種是傳統漸進式餵食法、第三種則是混合前面兩種的優點所折衷的方式,我們姑且稱第三種為彈性混合法。我們將就這三種不同的副食品給予形式,一一跟大家說明與分享,好讓新手爸媽可以依照自己寶貝的一些個性特質、生活作息及習慣來做選擇,無論選擇哪一種都沒有對錯,更沒有說哪一種才是絕對的好,只有適不適合孩子與爸媽,最終的共同目標一致,都是希望可以養成孩子良好的飲食習慣以及擁有均衡營養的體魄。

# ★ 什麼是 BLW 餵食法？

寶寶主導式離乳法（Baby-led weaning, BLW），是指由寶寶自主性的拿取食物，用自己的步調與方式餵食自己，並且主張寶寶可以吃「整個食物」，最近也越來越多台灣的家長們使用這種方式，鼓勵孩子自主學習進食。

主張 BLW 能讓寶寶擁有健康的食物進食行為，包括：增進手眼協調與肢體發展、有自主食物選擇性、也能讓體重和身高正常成長。

## （1）整個原型食物或手指食物

傳統照顧上，副食品的給予，第一步想到的都是由照顧者給予食物泥或寶寶粥，而 BLW 則是完全不同。依照寶寶身體發育情況，一般執行 BLW 的時機點，更需要觀察寶寶本身頭頸是否穩定，通常等到寶寶 6 個月，有能力自我支撐頭頸部並坐好，才能降低進食發生的危險。當寶寶頭頸部穩定開始坐好，並且很自然的用手抓東西放嘴巴的年齡，大約就是 6 個月左右，照顧者就可以把餐桌上各式各樣的天然原型食物（加工食品與垃圾食物除外），放任給寶寶拿、吸、玩、舔、吃。在這個過程中，說真的寶寶沒有真的吃進多少食物，只是吸吸舔舔、啃啃咬咬、嘗嘗味道罷了，但是這樣就夠了，BLW 的執行本來就不強調當下吃進多少食物份量與熱量，所以也不需要刻意計算吃進去的量，當然很多爸媽初期很難適應，會容易擔心寶寶這樣的方式，副食品是否攝取足夠！**放心，孩子成長都會有他的出路，這個階段還有奶水的營養，不必擔心營養攝取不足的狀況。**而在這個吸舔吃食物的過程中，寶寶除了可以少量多樣化的接觸各類食物外，同時也在訓練眼手部協調、手指靈活度、舌頭肌肉、咀嚼肌肉，以及整體吞嚥的練習。

## （2）小朋友自己吃

　　寶寶出生對於這個世界的一切都是充滿著未知，在成長發育的過程中透過眼、耳、口、鼻、皮膚等，去接觸與探索這個世界，而用手抓「食物」就是方法之一！若要讓寶寶開始實施 BLW，需要考慮寶寶們的抓握能力，因為所有食物都是由寶寶自己去抓握！根據研究，4 ～ 6 個月的小朋友，將近 70% 已有抓握能力，6 ～ 7 個月增加到 85%，而 7 ～ 8 個月已經超過 95%。每個小孩的發展都是從大肌肉開始才到小肌肉，因此大肌肉發展成熟後，才會發展小肌肉的精細動作。因此在初期給予小朋友食物時，可以切得比較大塊且好握好拿的形狀，讓寶寶比較方便拿取。

## （3）鼓勵親子一起用餐

　　很多新手爸媽其實每餐吃飯都像在打仗，一般傳統的餵食過程，爸媽都是先將小孩餵飽為優先，有時候小孩吃太慢，除了食物變涼不好吃外，爸媽也餵得一肚子火，到最後自己的食物也冷了不好吃，或是餵完小孩自己也氣到沒胃口了，用餐的品質往往變得非常差。但 BLW 相對來說就彈性很多，父母可以和孩子一起同時吃飯，小孩玩他的食物，大人除了注意他的安全外（切記，家長不能放任寶寶一個人在餐桌上，避免抓拿食物過程中出現危險狀況），也可以較為輕鬆的用餐，同時孩子也吃得跟大人一樣（前提是沒有加工食品與垃圾食物），在這樣的情境下，小孩也可提

升自我的意識。BLW 學者認為，這樣做也在「模擬母乳的味道」，因為媽媽每天吃的食物有時候會直接改變母乳的味道，因此親餵母乳的寶寶，就會隨著媽媽飲食的變化，每天喝的奶味道都不一樣。

至於寶寶日常有哪些情況發生可以開始考慮開始給予副食品：

☑ 與傳統餵食不同，基本上不使用湯匙餵食物泥／粥品。

☑ 但是，針對無法成形的食物，給予寶寶湯匙讓其自己嘗試吃（可從旁輔助）。最終，要讓寶寶學會自己使用湯匙。

☑ 寶寶明顯對食物有慾望，如：用手抓食物、食物放進嘴巴、看大人吃食物表現出很有興趣。

☑ 初期選擇質地比較軟的食物種類。讓寶寶口腔開始適應食物的觸感，對於比較硬的食物可以煮軟一點再給予。

☑ 很多父母對於自己認為營養的食物都希望孩子吃多一點，但「不可強迫」孩子一定要吃某種食物。如果寶寶不喜歡紅蘿蔔，就換另外一種食物來玩，討厭的食物可以之後再試看看。

☑ 不計算當餐吃了多少分量或熱量，也不強迫寶寶一定要吃完。

☑ 若時間允許下，不要限制用餐時間，讓孩子盡情探索。

☑ 寶寶可能會接觸到餐桌上任何一類食物，有危險的食物當然就不能擺在桌上。如：顆粒狀堅果、整罐蜂蜜等。

**執行 BLW 最常見疑問 寶寶自己進食，會不會危險？**

研究發現，無論是傳統式餵食或是 BLW，寶寶都可能出現嗆到的現象。通常寶寶只要刺激舌頭約 3 ／ 4 的部分，就會有作嘔的反射反應。直到 9 個月這個反射區會比較少，而作嘔的動作其實是為了替真正的「嗆到」

時，做預防性的保護措施。寶寶開始吃副食品後，難免會有作嘔的情況發生，但這是屬於寶寶的自我防禦反射，不需要太緊張，但是就像前面提到的，寶寶抓握食物把玩的過程照顧者仍然必須全程陪同。而「嗆到」，則是食物阻塞了呼吸道，通常會有：呼吸困難、臉色、嘴唇發紫、開始張大嘴巴流口水等情形，當寶寶有此種狀況時，父母就應該要採取進一步措施或緊急送醫。

　　不論是傳統餵食或是 BLW，打造安全的進食環境是非常重要的，包括適合進食的椅子、桌子的高度、食物的大小、質地與口感，也要避免容易嗆到的食物，包括：堅果顆粒、蘋果片、小餅乾等。

## ★ 什麼是傳統漸進式餵食法？

　　這個副食品餵食法，應該是目前較多新手爸媽採取的餵食模式，考量到 4 個月大的寶寶，幾乎還沒有開始長牙，不會咀嚼，所以剛開始副食品的接觸，會初步以米湯（幾倍粥），然後其他食物磨泥，少量給予的方式，不排斥的情況下再增加份量，之後就會去調整食物質地，來增加寶寶的口腔咀嚼功能，像是主食粥品的部分，在料理的時候會看寶寶副食品吃的狀況，漸進式減少水份，從較稀的米湯，煮成濃稠粥、軟飯炊飯，一歲的時候就可以進展到跟大人吃的米飯顆粒了。其他的食物也是如此，一開始可能是磨泥或是攪打成泥狀，之後就可以視寶寶的牙口發展情況，去做食物質地上的調整喔！這一種漸進式餵食法，由於食物選擇的主導權是在主要照顧者身上，所以，建議要留意食物的多樣性給予以及讓孩子嘗試不同食物的氣味、口感及味道，才能給予寶寶不同的口腔刺激。

# ★ 什麼是彈性混合法？

　　BLW 餵食法在初期階段，寶寶多半只是嚐試食物的味道、香氣、形狀等，所以吃的量並不多，許多新手爸媽也會擔心寶寶是否會因此而體重掉很快，所以現在也越來越多父母將「傳統漸進式餵食法」和「BLW 餵食法」作結合，調整出更有彈性的餵食模式，就是這裡所稱的「彈性混合法」，在副食品接觸初期，先採取漸進式餵食法，隨著寶寶長大，牙口狀況越來越好，除了增加食物的顆粒之外，也能夠準備一些手指食物（Finger Food）給寶寶，像是無調味米餅、塊狀根莖類（像是馬鈴薯、番薯、南瓜等），所謂的「手指食物」就是讓寶寶可以手捉握著食用，這樣也有助於寶寶的手眼協調，也可以慢慢地將食物的主導權轉移給寶寶，之後更可以教導寶寶使用適合的湯匙或是安全的叉子，安全且愉快地步上幼童的飲食規範。或是在吃副食品的時間，主要照顧者先餵食寶寶一半的份量後，剩下的部分會為寶寶準備一些適齡且適合的手指食物，讓寶寶自己探索，這種彈性混合法再搭配上母奶或是配方奶，一整天的總熱量攝取也較能確保不會太少，較能讓寶寶在副食品階段，生長發育仍可以穩定成長。

　　彈性混合法的方式，以一開始由主要照顧者主導，到慢慢轉由讓寶寶自己本身來主導飲食，「手指食物」其實只是飲食給予的一種型態，而BLW 是一種主張，主張「以寶寶為中心」的飲食模式，許多爸媽可能會把兩者混為一談，想說有給寶寶「手指食物」就是採用 BLW 的飲食模式，其實不然，但營養師這邊倒覺得不用硬要去分寶寶是採取哪一種派別，因為每個寶寶的個性並不相同，只要主要照顧者和寶寶能夠彼此磨合好，就是好的方式。育兒沒有標準答案，包括「副食品」的給予也是！

　　更多與副食品相關的原則、製備以及須留意的事項等方面，將會於後續章節一一與大家說明與分享唷！

| 類別 | 傳統漸進式餵食法 | BLW 餵食法 | 彈性混合法 |
|---|---|---|---|
| 主導權 | 主要照顧者 | 寶寶本身 | 先是主要照顧者，後是寶寶本身 |
| 副食品餵食特色 | 主要是透過改變食物質地餵食寶寶 | 調整食物軟硬度及大小，讓寶寶選擇他想吃的食物 | 前半段主要照顧者餵食寶寶，後半段讓寶寶可以有一些手指食物去做嘗試 |
| 優點 | 確保寶寶的進食量，避免體重或是生長發育落後 | 寶寶自主權的發揮，也能夠練習手眼協調 | 確保一部分進食量，再搭配上手指食物讓寶寶探索，育兒上有較大的彈性空間。 |
| 缺點 | 1. 食物質地上要適時做調整，不然會對寶寶缺乏口腔刺激，影響日後口語發展<br>2. 手眼協調性會較慢些 | 1. 主要照顧者須在旁高度關注寶寶進食的狀況，並且要適時協助，以避免增加進食的危險性 | 1. 食物質地上要隨寶寶的牙口發展適時做調整<br>2. 寶寶在吃手指食物的同時，主要照顧者也要在旁關注進食的狀況 |

# 超實用副食品 Q & A：

 最多媽媽都想問的副食品餵食問題

## ★ 容易引起過敏的食物是否越晚吃越好？

　　早些年，在副食品餵食的階段，多半建議 6 個月後才開始添加副食品，尤其是有過敏體質家族史的孩子，甚至還會建議雞蛋及海鮮一歲後再吃，許多長輩都有這種根深蒂固的觀念。然而，美國小兒科醫學會與台灣兒科醫學會都已經正式建議，孩子 4 至 6 個月就可以開始給予副食品，且不用將容易致敏的食物特別延後食用，建議副食品以少量多樣性為原則，即使給雞蛋、蝦泥或魚泥都可以，但給予寶寶嘗試後，家長應觀察食用後是否有過敏症狀，每個寶寶狀況不一，過敏的表現可能有紅屁屁、起疹子或眼睛水腫等，所以家長務必多加注意。

　　4 到 9 個月是寶寶免疫系統建立的時期，也是訓練免疫力的關鍵階段，若很晚才給予容易致敏的食物，說不定反而讓過敏症狀更嚴重，所以應該不斷少量地刺激，讓身體慢慢習慣適應，這也就是為何強調副食品的給予，著重在於「少量多樣性」的緣故。譬如說，讓孩子品嚐副食品可以第 1 天吃米糊湯、第 2 天可以於米糊中加入胡蘿蔔泥、第 3 天加花椰菜泥，等到第 4 天再加魚肉泥，所以只要 4 天就已經可以吃過 4 樣，以前都會建議一樣食材吃 3 天再換，現在可以每天更換，期望寶寶一歲前就可以嘗試多樣食物，減少寶寶挑食的問題，才會讓營養更全面更均衡。

　　所以，容易過敏的食物並非越晚提供越好，免疫系統的養成，則是需要少量多樣的食物刺激才可以做到。當然，若寶寶在攝取易過敏的食物之後，產生了較嚴重的過敏症狀，此時就會建議先暫停餵食該樣食物，停個幾天，之後再少量餵食及觀察，對於小孩挑食的食物也可以相同作法，孩子接受新食物需要嘗試至少 15 次的機會，如此一來，可以大幅度降低孩子未來挑食、偏食的機會唷！

## ★ 副食品需要使用食鹽調味嗎？

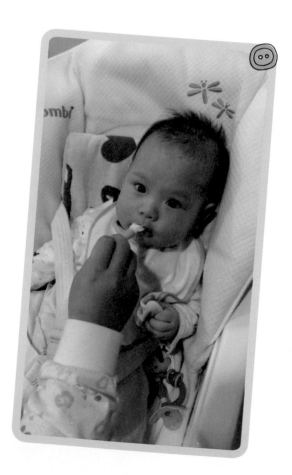

　　我們成人對於食鹽的每天建議攝取量為 5 ～ 6 公克（鈉含量為 2000 ～ 2400 毫克），但其實**一歲以下的嬰幼兒副食品是「不需要」額外再加鹽調味，而且一歲以上的幼兒也盡可能地節制食鹽的攝取量**。在台灣這個美食王國，你會發現各式各樣外食、加工製品的調味，都偏向於重口味，所以成人的調查結果顯示，每天實際的鈉攝取量其實都遠超過建議攝取量，長時間過多鈉攝取的情況下，容易造成血壓偏高、造成水份滯留，對心臟有影響，對於腎臟來說負擔更大。

**1 歲以下的嬰幼兒，腎臟功能尚未發育完全，所以過多的調味鈉含量，對寶寶來說都是很大的負擔。**在台灣，鈉的建議攝取量僅有針對於成人給予建議，在嬰幼兒、幼童這年紀卻無建議攝取量。但若以全母乳哺餵的寶寶來看，母乳的鈉含量約是每 100 毫升有 15 ～ 17 毫克，所以一天若哺餵 1000 毫升的母乳的話，寶寶可攝取到 150 ～ 170 毫克的鈉，甚至連 0.5 公克也不到（1 公克食鹽，鈉含量為 400 毫克），而全母乳哺餵的寶寶也沒有低血鈉的健康問題。另外，甚至有更多的研究發現，一歲以前的寶寶每天只需要 25 毫克以內的鈉，就足以維持身體內的電解質平衡了！

　　所以，**一歲以前的嬰幼兒，副食品內不需要再額外添加食鹽，也必須減少提供加工製品給寶寶，鈉的來源建議是來自於母乳及天然食材。**像是可以運用天然食材來烹煮蔬菜湯、雞湯、魚湯等，進一步再去煮寶寶粥品的話，無需使用食鹽調味，就可以透過天然的鮮甜味，來增加粥品的風味囉！

## ★ 副食品需要額外再添加油嗎？

　　副食品餐食的規劃及製備上，千萬不要忽略「油脂」的部分！許多新手爸媽在寶寶開始吃副食品的階段，會想說食物內已經有油脂了，還會需要再額外添加油脂嗎？其實是需要的。成人一整天的均衡飲食，在三大營養素比例方面，建議碳水化合物（醣類）：蛋白質：脂質 =50 ～ 60%：10 ～ 20%：20 ～ 30%；而在嬰幼兒的

部分，6 個月大至 1 歲的嬰幼兒，副食品的油脂比例約占總熱量的 40% 喔！比成人還多，所以嬰幼兒副食品是需要添加油脂的。

　　國外建議，8 個月大以前，一天一餐副食品的話，額外給予 5 毫升的油脂；8 個月大以後，漸進到一天兩餐的副食品，一天的油脂總量可給予 15 毫升。副食品的製備，需要額外添加油脂，不僅可以增添風味、增加食物的潤滑度、有助於脂溶性維生素 A、D、E、K 的吸收、幫助寶寶潤腸（開始吃副食品之後，寶寶容易有便秘問題），此外，更可以確保副食品的熱量足夠，也就是說寶寶不需要無油飲食，寶寶也需要攝取好油脂。

　　那麼，寶寶的副食品需要額外添加哪一種油品呢？哪一種油適合寶寶呢？

　　我非常推薦「核桃油」，因為核桃油內的 Omega-6 脂肪酸：Omega-3 脂肪酸 ＝3 ～ 4：1，脂肪酸的組成最接近於「母乳」，好消化好吸收。此外，核桃油含有的必需脂肪酸，是寶寶身體細胞所必需的養分，無法由體內自行合成，必須從外界食物所獲得，而核桃油其內所富含的必需脂肪酸及磷脂質，都是建構細胞膜的主要成分，有助於寶寶腦細胞的發育，也有益於寶寶的皮膚健康。因此，若寶寶飲食中缺乏必需脂肪酸的話，特別是缺乏 Omega-6 系列的亞麻油酸的話，容易造成嬰兒濕疹性皮膚炎喔！

　　此外，不單單只是核桃油，寶寶的副食品，其實可以廣泛搭配攝取不同油品，其他像是常見的黑芝麻油、橄欖油、芥花油等，不想額外添加的話，可以直接入菜做烹調。另外，善用「黑芝麻粉」也是可以補充到額外的油脂，能夠很方便地加入副食品的製作，像是做黑芝麻糊、燕麥芝麻粥點心等。「黑芝麻」是六大類食物中「油脂及堅果種子類」，所以含有必需脂肪酸、蛋白質、醣類、豐富鈣質、膳食纖維等，一開始可以先少量添加於寶寶粥品內，寶寶還喜歡的話，可以慢慢增加份量。黑芝麻粉 7 公克

為一份油脂份量,分散於 2～3 餐的副食品之中,並且盡量挑選細緻度高的黑芝麻粉,一歲以前的寶寶腸胃功能尚未發展完全,所以越細緻的黑芝麻粉,寶寶攝取之後越能提高消化吸收率喔!

另外,天然油脂當然不可少,所以煮雞湯、魚湯的時候,湯表面的雞油、魚油千萬不要撈掉,進一步煮粥、料理炊飯或湯麵,反而可以讓寶寶攝取到天然的油脂。但是豬肥肉的部分,還是盡量少提供給寶寶,過多的飽和脂肪攝取,對寶寶的心血管及健康並沒有太大的益處!

✦ 右表是各種常見油品的脂肪酸比例,提供給主要照顧者參考:

寶寶的副食品,其實可以廣泛搭配攝取不同的油品哦!

| 油品種類 | 飽和脂肪酸（%） | 單元不飽和脂肪酸（%） | 多元不飽和脂肪酸（%） | | 烹調方式 | 備註 |
|---|---|---|---|---|---|---|
| | | | Omega-6 | Omega-3 | | |
| 核桃油 | 8 | 20 | 60 | 12 | 涼拌 | |
| 亞麻仁油 | 9 | 17 | 14 | 52 | 涼拌 | |
| 橄欖油 | 13 | 77 | 10 | - | 涼拌、清炒、煎 | 可耐 200 度 |
| 酪梨油 | 18 | 68 | 14 | - | 涼拌、清炒、煎、烘焙 | 可耐 250 度 |
| 苦茶油 | 10 | 82 | 7 | 1 | 涼拌、清炒、煎 | 可耐 220 度 |
| 芥花油 | 7 | 61 | 21 | 11 | 涼拌、清炒、煎 | 可耐高溫 |
| 芝麻油 | 16 | 41 | 42 | 1 | 涼拌、清炒 | |
| 南瓜籽油 | 16 | 37 | 39 | 8 | 涼拌、清炒 | |
| 玄米油 | 20 | 44 | 35 | 1 | 涼拌、清炒、煎 | 可耐 200 度 |
| 奶油 | 68 | 28 | 3 | 1 | 煎、炒、烘焙 | 飽和脂肪高，建議少用 |
| 椰子油 | 92 | 6 | 2 | - | 煎、炒、烘焙 | 飽和脂肪高，建議少用 |

## ★ DHA 對寶寶腦部發育很重要，需要額外給寶寶吃保健食品的魚油嗎？

　　許多不飽和脂肪酸對於寶寶在生長發育方面，有很大的益處，許多研究發現，長鏈多元不飽和脂肪酸（像是 DHA），對於嬰幼兒的智能發展，以及良好的視覺發育，都有關鍵性的影響，對於健康及慢性疾病的預防更是有長遠的益處。此外，DHA 在大腦的總脂肪酸中佔了將近 60%，在眼睛的視網膜的脂肪酸組成也占了將近一半。胎兒時期，從媽媽懷孕中期開始，胎兒的腦部發育進入快速成長期，此時若媽媽攝取足夠的 DHA，可以自母體傳送至胎兒，以促進胎兒的中樞神經系統發育；而當嬰兒出生後至 5 歲之前，小腦袋瓜也將以飛快的速度生長發育。因此，嬰兒出生後，建議仍須持續攝取足夠的 DHA，以維持腦部生長發育。

　　但是對於 1 歲不到的嬰幼兒，我們需要額外給予寶寶補充保健品DHA 的攝取嗎？

　　**其實對於一歲以內的嬰幼兒來說，其所需的 DHA 可以從食物中直接攝取，或是來自於母乳中的次亞麻油酸和亞麻油酸轉變而來。**我們建議哺餵母乳的母親可以多攝取魚類，如每週至少兩片以上巴掌大的魚，以增加乳汁 DHA 含量。魚類選擇以一般中小型魚為佳（如鯖魚、鮭魚、秋刀魚等），因為大型深海魚容易有較多重金屬累積的問題。

　　以下面表格所示，6 個月大到兩歲的**嬰幼兒來說，DHA 每日建議攝取量為每公斤體重 10 ～ 12 毫克。我家弟弟兩歲，體重 15 公斤，DHA 每日建議量計算起來大概會需要 150 ～ 180 毫克，其實只要留意日常飲食，讓寶寶多攝取一些高油脂的中小型魚類就可以輕易達到，像是鮭魚 10 公**

克、鯖魚 5 公克、秋刀魚 5 公克等，就可以輕易吃到 **DHA** 的建議攝取量囉！除非是寶寶幾乎不吃魚，或是素食寶寶，那麼就可以選擇單純只有 DHA 的配方，會比較適合寶寶，劑量的部分建議可以參考表格整理。

✦ 以下是 FAO/WHO （2010 年版） 對於不同年齡層生長發育的嬰幼兒，DHA 的建議攝取量，參考如下：

| 年齡 | 粗動作、細動作 | 語言、認知、身體處理及社會性表現 |
| --- | --- | --- |
| 0 ～ 6 個月的嬰幼兒 | ⊃ DHA 攝取量需佔總熱量的 0.1 ～ 0.18% | ⊃ 母乳哺餵 |
| 6 ～ 24 個月的嬰幼兒 | ⊃ DHA 10 ～ 12 mg/ 公斤體重 | 開始吃副食品階段，給予含豐富油脂的中小型魚類，如鯖魚、鮭魚等，或是從添加 DHA 的配方奶獲得 |
| 2 ～ 4 歲兒童 | ⊃ 100 ～ 150 mg DHA+EPA | |
| 4 ～ 6 歲兒童 | ⊃ 150 ～ 200 mg DHA+EPA | |
| 6 ～ 10 歲兒童 | ⊃ 200 ～ 250 mg DHA+EPA | |
| 懷孕婦女 | ⊃ 200 mg DHA | ⊃ 小型魚萃取的魚油、DHA 藻油 |

有些人可能會想，那我可以拿大人的魚油給小孩吃嗎？

幼兒 DHA 的產品和成人的魚油產品是不一樣的。成人的魚油含有 EPA 和 DHA，劑量依各品牌的配方有所不同，比較常見的比例 EPA:DHA=3:2，但是 EPA 在體內代謝的時候，會去和 Omega-6 系列的花生油四烯酸（AA）競爭代謝，但是 AA 對於兩歲以前的寶寶腦部發育

來說，是很重要的脂肪酸，所以嬰幼兒若要額外補充魚油的話，不可以直接拿大人的魚油給寶寶吃喔！此外，也可以選擇適合寶寶年紀且含有足夠 DHA 的嬰幼兒配方奶，來為寶寶的健康加分。

## ★ 沒時間煮飯，怎麼幫寶貝準備副食品呢？

這個問題其實也是眾多新手爸媽常會遇到的狀況，以我自己育兒的經驗，第一胎姐姐出生的時候，我全職照顧她的生活起居、飲食，副食品的製作樣樣自己來，深怕錯過她的每個成長過程。但是認真準備下來，並不是每樣副食品都符合寶寶的胃口，也時常是準備了一堆，寶寶只賞臉吃個一、兩口就撇頭不吃了！所以到了第二胎弟弟的時候，副食品的準備多半是跟著我們大人吃什麼，弟弟就跟著吃什麼，反而準備起來輕鬆許多。

此外，不得不說，身在台灣的寶寶實在是太幸福了！光是副食品寶寶餐的品項及種類就多到數不清，後面的章節我們會有更多的介紹及應用。台灣的副食品寶寶餐，我覺得比國外的罐頭泥餐實在是好吃太多了！所以如果真的很忙的爸媽，沒辦法幫寶寶親自準備副食品也別太自責，市售的寶寶副食餐只要留意衛生安全，及營養均衡度是否足夠等這些環節，其實還是可以讓寶寶吃得安心、爸媽放心。

若還是想要自己幫寶寶準備的話，有幾種方式提供給爸媽們參考，一

種就是現煮。但我相信全職爸媽可以平日的時間不是那麼足夠，建議可以在周末六、日兩天時段，將周間平日的副食品先準備起來，將食材分類料理，譬如說蔬菜一類、蛋白質食物一類、主食（根莖類澱粉、穀類或雜糧等）一類，再以冰磚的方式冷凍儲存。周間的時候，就可以輕鬆搭配各種食物成為均衡的一餐，一樣可以讓寶寶吃得營養均衡又健康喔！

　　另一種就是跟著爸媽一起吃，但前提是爸媽必須要吃得較健康才可以。譬如說，外買的餐盒，**建議要有多樣蔬菜、充足蛋白質食物（像是雞蛋、豆腐、魚、雞肉、瘦豬肉、牛肉等）、全穀穀類食物，這樣才算是有攝取到均衡飲食，先將要給寶寶吃的份量取出，若調味較重的話，建議先用開水過濾，再做質地上的調整。**像是較小的寶寶可能是吃泥狀，就必須再加入一些開水或清湯去打成泥狀質地；較大的寶寶可以幫他們把食物剪成小細碎以幫助咀嚼，適時地去調整寶寶的副食品質地，吃起來會更順利些。此外，給寶寶的外食餐食，雖然建議先用開水過濾，但可能油脂也會因此而攝取不足，提醒一下爸媽，需要再回補好油給寶寶唷，而添加的油脂種類可以參考之前我們所提到油品選擇標準（請參考 P.22）。

　　你會發現，留意一些飲食準備上的小細節，幫寶寶準備副食品其實沒有想像中那麼困難唷！

## ★ 母奶寶寶怎麼吃副食品？

　　俐岑營養師的兩個小孩都是標準的母奶寶寶，雖然對於母乳的推廣也是不遺餘力，每次有機會跟媽媽們講課時，我就會跟他們說到，「母乳哺

餵盡力就好！」有奶的媽媽，我
們就盡量餵，沒奶的，寶寶喝配
方奶一樣營養滿分，別把自己逼
得太緊，因為「有快樂的媽媽，
才有快樂長大的寶寶！」

　　而在副食品給予介入的這條
路上，時常可以聽到一些親餵母
乳媽媽的分享，「親餵的母乳寶寶，副食品都吃不好！」我家的兩個寶貝
都是親餵母乳，也都是黏人精，可能是因為媽媽就是食物來源吧，所以很
黏媽媽，在副食品開始介入的時候，很多時候是因為沒嚐過的食物，新奇
想嚐鮮，但攝取量並不多，當要把攝取量增加的時候，就得看寶寶當餐的
狀況，有時候若遇到寶寶不喜歡的食材，還真的是吃得一蹋糊塗，媽媽也
非常有挫折感。後來我發現**可以觀察寶寶，在寶寶有些飢餓感的時候，給
予副食品，接受度較大，吃完之後再補奶（瓶餵或親餵母乳），這樣寶寶
才不會過度依賴母乳而不吃副食品。**千萬不要在寶寶想睡覺，耍脾氣的時
候餵食副食品，那麼他可能一概不會買單唷！

　　留意餵食給予副食品的「時間點」以及「寶寶的情緒變化」，再搭配
上平時的生活作息，給予母奶寶寶副食品的介入，也會大大提升成功的機
會喔！由於寶寶還小孩不會表達，只能透過每一次的餵食方式，觀察寶寶
的反應，看他喜歡與否來做食材搭配的調整，但是每個寶寶都有其獨特的
個人特質，是需要爸媽們發掘及引導的。

## ★ 寶寶不愛吃副食品或是挑食該怎麼辦？

　　剛開始接觸副食品時，有些寶寶躍躍欲試，有些卻顯得害怕嘗試，甚至吃一小口就吐出來。這些反應其實有一部分和孩子的天生的個性和氣質有關。但無論如何，爸媽們可別因為寶寶幾次不賞臉就氣餒囉！或是從此以後餐桌上不再出現寶寶不喜歡的食物，這樣反而會讓寶寶長大之後，容易出現偏食或是挑食的飲食問題。

　　有一項研究發現，寶寶幼兒在面對不喜歡吃的食物時，往往要經過15～16次的不斷嘗試地給予，才有機會讓孩子吃上一口，這期間可以以

同種食物變換不同料理、烹煮方式。以孩子們最討厭的食物排名第一的苦瓜為例，就可以做涼拌梅子苦瓜、苦瓜雞湯、苦瓜鳳梨蔬果汁等，當孩子願意吃一口體驗看看的時候，就會發現其實苦瓜沒有想像中那麼難吃。但其實苦瓜的苦味來源是來自於「苦瓜的內膜層」，只要在前置處理的時候，把苦瓜的內膜刮除乾淨，苦味就可以大大降低囉！

　　因此，我們應該多鼓勵孩子嘗試新的食物，在餐桌上，以正面的鼓勵取代負面的責罵，我常說：「吃飯是一件愉快的事情，若是在餐桌上責罵孩子，不僅只會讓孩子不喜歡用餐的氛圍，更不利於消化。」**多鼓勵孩子**

嘗試，食材及料理方式也要多變化，或是搭配一些孩子喜歡的卡通圖案餐具，**也能夠提高寶寶對於食物的興趣**，孩子大多都喜歡新鮮感，若第一次嘗試的體驗是好的，日後成功的機會就能夠增加許多。

另外，若孩子不喜歡吃某樣食物的話，爸媽也不要跟孩子硬碰硬，可以換個方式提供食物，像是提供含有同樣營養素的食物，像是寶寶若不喜歡吃胡蘿蔔的話，除了不要放棄多鼓勵寶寶之外，也可以透過南瓜、菠菜等食物，一樣可以攝取到足夠的 β 胡蘿蔔素。

當孩子不喜歡某樣食物的時候，身為父母我們可以怎麼做：

☑ 鼓勵孩子多嘗試，嘗試 15 ～ 16 次就有機會讓孩子願意吃一口。

☑ 即使是同種食物，也建議要有不同的料理烹煮方式。以胡蘿蔔為例，可以煮胡蘿蔔炒蛋、胡蘿蔔蘋果汁、胡蘿蔔蛋糕等。

☑ 同種營養素用不同食物替換，不執著於一定要孩子吃完討厭的食物，運用其他同樣富含某種營養素的替換概念，也可以讓孩子去感受更多飲食的樂趣。

## ★ 寶貝的副食品一定都要是泥狀的嗎？

開始接觸副食品的寶寶大約已經滿 4 個月大了，此時的寶寶還未長牙，通常大概是在第 6 個月大之後才開始長第一顆牙。但每個寶寶的身體發展快慢有所不同，所以**剛開始提供一些泥狀食物，透過改變食物質地來讓寶寶嘗試不同食物的味道，隨著寶寶日漸長大，開始長牙之後，可以提供一些軟質食物，此時就不一定要拘泥於「泥狀食物」**。軟質食物像是水果中的木瓜、香蕉等，可以用湯匙刮取少量給寶寶嘗試，寶寶再大一些時，可

以切小塊狀，讓寶寶可以用手拿著探索食物，漸進式改變食物質地是非常重要的關鍵點，千萬不要讓寶寶到了 1、2 歲都還在吃泥狀食物喔！這樣不僅會對於寶寶的口腔、語言發展會有嚴重的影響，甚至有些寶寶會延遲說話，或是造成日後口齒不清楚的問題喔！

泥狀食物只是「過渡餐」，讓寶寶擁有「咀嚼力」非常重要！關於食物質地的呈現，依照不同年齡層的寶寶做區分，家長可以參考以下六大類食物的部分：（僅供參考，並非絕對，請依照寶寶的個人發展去做調整）

| 年齡 | 泥狀食物 | 軟質食物 | 一般質地 |
|---|---|---|---|
| 適合年紀 | ➲ 4～7 個月 | ➲ 8 個月以上 | ➲ 1 歲～1 歲半以上 |
| 運用器具 | ➲ 調理機、果汁機攪打成泥狀 | ➲ 湯匙壓扁即可 | ➲ 煮熟即可，頂多剪成適合孩子食用的大小 |
| 全穀雜糧類 | ➲ 蒸熟的地瓜、南瓜、馬鈴薯等，運用調理機將食材攪打成泥狀，像是地瓜泥、南瓜泥、馬鈴薯泥等 | ➲ 地瓜丁、南瓜丁、馬鈴薯丁等，用電鍋蒸熟，視寶寶情況，運用湯匙壓扁餵食，或是寶寶用手拿取食用 | ➲ 蒸熟的地瓜、南瓜、馬鈴薯等，不太需要再刻意做成泥狀，只需視寶寶的咀嚼狀況，調整食物大小，不需要調整質地 |
| 豆魚蛋肉類 | ➲ 豆腐泥、毛豆泥、魚泥、肉泥等 | ➲ 豆腐、蒸蛋、細緻魚絨、雞腿肉末等 | ➲ 質地軟的雞蛋、豆腐料理都沒問題，魚片、肉塊切丁（或適合孩子食用的大小） |
| 蔬菜類 | ➲ 各式蔬菜泥、菇類泥狀 | ➲ 蔬菜煮軟，切末、細段或是丁狀，視寶寶的咀嚼吞嚥狀況調整，另外，像煮軟的瓜類（冬瓜、大黃瓜等），也很適合寶寶食用 | |
| 水果類 | ➲ 軟質水果：可以用湯匙刮取，像香蕉泥、木瓜泥；<br>➲ 硬質水果：可以運用磨泥調理器，像水梨泥、蘋果泥、芭樂泥等 | ➲ 軟質水果像是香蕉、木瓜等，可以切小塊狀，讓寶寶拿取咀嚼；或是一歲半以上的大寶寶，也可以試著讓他拿著香蕉慢慢地吃（建議家長在旁留意是否會吃得太大口而有嗆到的風險）較硬的水果，像蘋果、水梨、芭樂等，可以切片或條狀，讓寶寶握取咀嚼，訓練口腔肌肉的咀嚼功能 | |
| 堅果種子及油脂類 | 有益寶寶健康的植物油（P32 頁有更詳盡的內容介紹），可以直接加入粥品、飯類，或是用來烹煮食材料理等，寶寶需要有好油脂來維持健康，對於食物來說也可以增添風味，具有潤滑順口的作用，也有助於開始吃副食品的寶寶，滋潤腸道幫助排便唷！<br>➲ 堅硬的堅果，建議寶寶四歲以上再給予，避免嗆食。<br>➲ 堅果種子磨成細緻粉末的話，像是芝麻粉，可以加入粥品、米精做搭配，增加油脂比例及食物稠度，更可以幫助寶寶補充鈣質。 | | |

# ★ 寶貝吃副食品便祕了，該怎麼辦？

　　**當寶寶開始吃副食品的時候，就要特別留意「飲水量、蔬果及油脂」這三個部份是否有攝取足夠。**副食品的水份比例相較於還是全乳品的小嬰兒階段來說，是減少許多，所以當寶寶開始吃副食品的時候，食物份量不多的情況下，排便不順還不明顯。但隨著固體食物越吃越多的時候，若看到寶寶脹紅著臉，解便困難，甚至會哭鬧大不出來，或是四、五天才解一次，可能是飲水量不夠的關係。倘若寶寶的飲水量攝取足夠的情況下，腸道的糞便相對較軟，寶寶在解便的時候也不用這麼辛苦費力。

✦ 寶寶的水份需求會以體重當作基準，家長可以參考以下的表格：

| 體重 | 水分攝取公式 | 舉例 |
|---|---|---|
| 3.5～10 公斤 寶寶 | ⤷ 每日飲水量 =100 mL x 體重 Kg | ⤷ 8 公斤寶寶每日飲水量為 800 mL |
| 11～20 公斤 幼兒 | ⤷ 每日飲水量 =50 mL x（體重 Kg-10）+1000 mL | ⤷ 15 公斤幼兒每日飲水量 =1250 mL<br>⤷ [50x（15-10）+1000]=1250 |
| >20～50 公斤 兒童 | ⤷ 每日飲水量 =20 mL x（體重 Kg-20）+1500 mL | ⤷ 25 公斤兒童每日飲水量 =1600 mL<br>⤷ [20x（25-20）+1500]=1600 |

☑　6 個月以內全母乳寶寶，不需要再額外給予水分。

☑　一歲以前的水分給予，盡量提供含水量較高的食物。

☑　水分給予不是越多越好，需考量到寶寶腎臟發育，以及是否會有低血鈉的風險。

☑　清湯也可以加入水份的計算。

除了水份攝取不足這個因素之外，有些寶寶便祕可能是**膳食纖維**吃不夠的原因。膳食纖維豐富的來源，主要可以分成兩大類，第一類是水溶性膳食纖維，像是常見的菇類、燕麥、蘋果、香蕉、秋葵、茄子等，主要的作用可以吸水澎漲，刺激腸道蠕動，也可以軟化糞便，幫助排便；第二類是非水溶性膳食纖維，像是菜梗、麥麩、全穀類、牛蒡等，可以增加糞便殘積量，刺激腸胃道蠕動等，無論哪些全穀雜糧食物及蔬果都含有不同比例的水溶性及非水溶性膳食纖維的部份，

不宜偏頗任何一種類的膳食纖維，原則就是要多樣且份量要足夠。

　　此外，我們先前有跟讀者提及，嬰幼兒的**油脂攝取**是非常重要的，除了有助於腦部及生長發育之外，也可以幫助潤腸。所以若寶寶採取無油飲食的話，若加上水份攝取不足，很容易讓腸道乾澀、糞便變得乾硬難解喔！若是飲食都幫孩子設想周全了，但孩子還是排便困難的話，可能是腸蠕動較慢，那麼請爸媽鼓勵孩子多跑跳，洗完澡後可以幫孩子做腹部按摩。運用優質的按摩油（像摩洛哥油），以肚臍為中心，順時鐘按摩，也有助於腸道蠕動唷！但記得千萬不要在寶寶用餐完馬上按摩，寶寶的食道較短，很容易造成胃中食物逆流出來，比較適合按摩的時間是洗完澡、餐前。

# ★ 嬰幼兒何時可以喝鮮奶？

滿 1 歲以上的寶寶可以喝鮮乳囉！那麼一歲以前為什麼不建議喝鮮奶呢？鮮奶的營養價值雖然很高，但是鮮奶內所含的蛋白質分子結構較大，寶寶的腸胃消化功能尚未發育完全，可能無法完全消化吸收。另外，鮮奶內的礦物質對於 1 歲以前的寶寶來說，他們的腎臟功能未發育完全，也會對其造成負擔，所以**建議爸媽不要讓一歲以前的寶寶，完全喝鮮奶取代喝配方奶或母奶，容易造成腸胃及腎臟的負擔。**若是湯品或饅頭的製作，有加入少量鮮乳的話，或是少量攝取的話，則無妨。

此外，鮮乳的發酵製品像是優格或是優酪乳，可以少量當作副食品提供給寶寶。由於優格或優酪乳經過發酵，乳蛋白的分子較小，對寶寶來說負擔較小，也可以提供益生菌，有助於寶寶維持良好的腸道健康。但同樣的也建議不要完全取代配方奶或母奶，畢竟一歲以前的寶寶，配方奶和母奶還是主要的營養來源。

滿 1 歲以上的寶寶，可以開始喝些鮮奶，鮮奶屬於六大類食物的乳品類。**1歲以上的寶寶不需要低脂鮮奶，建議給予全脂鮮奶，全脂鮮奶可以提供豐富的脂肪及蛋白質、鈣質，以利寶寶之後的生長發育所需。除了鮮奶之外，良好的乳製品來源有優格、優酪乳、起司、乳酪絲等，**所以同種

類的食物分類，有時也可以做替換、多樣攝取，提供給寶寶更多元的食物刺激，降低之後挑食或偏食的問題。

鮮奶的鈣質來源非常豐富，**1 毫升的鮮奶大約可以提供一毫克的鈣質。外面市售一小罐新鮮屋包裝的全脂鮮奶，含量有 290 毫升，可以提供熱量 189 大卡、蛋白質 9.3 公克、脂肪 10.7 公克、碳水化合物 13.3 公克以及鈣質 319 毫克。**豐富的蛋白質及鈣質，可以有助於寶寶的長牙、長高、長壯，是生長發育所必需的養分，所以當寶寶滿一歲以上的時候，有時可以跟著大人一起喝全脂鮮奶也是沒問題的！

## ★ 嬰幼兒容易缺乏哪些營養素？

依照一些調查結果發現，嬰幼兒時期容易有一些營養素缺乏的問題，像是**維生素 D、鈣質、鐵質、葉酸**等，因此，在 4 ～ 6 個月開始介入副食品之後，爸媽們就需要特別留意富含這些營養素的食物，平時飲食是否有攝取足夠。以下將針對於維生素 D、鈣質及鐵質來分別加以說明。

## 維生素 D

我們先來看一下維生素 D，為什麼在寶寶身上容易有維生素 D 缺乏的問題呢？維生素 D 屬於脂溶性維生素之一，主要分成 D2 及 D3 兩種形式。

✦ 以下為維生素 D 豐富的食物來源及含量：

| 食物 | 每 100 公克食物，維生素 D 含量（國際單位，IU） | 一份重量（公克） | 每份食物，維生素 D 含量（國際單位，IU） |
|---|---|---|---|
| 黑木耳 | 1968 | 100 | 1968 |
| 鮭魚 | 880 | 35 | 308 |
| 秋刀魚 | 760 | 35 | 266 |
| 乾香菇（經過日曬） | 672 | 100 | 672 |
| 吳郭魚 | 440 | 35 | 154 |
| 鴨肉 | 124 | 30 | 37.2 |
| 雞蛋 | 64 | 55 | 35.2 |
| 豬肝 | 52 | 30 | 15.6 |

※ 參考台灣食品成分資料庫

　　脊椎動物像人類，其皮膚經日光的紫外光 UVB 照射之下，會轉換成維生素 D3，在經過肝臟、腎臟的活化，會轉變成活化型的維生素 D3。此活化型態的維生素 D3 就可以在體內發揮生理功能了，像是幫助鈣質吸收等作用。此外，維生素 D2 是植物中的麥角固醇經由日光活化而來，所以像是曬過日照的香菇，就含有豐富的維生素 D2，無論是維生素 D2 或是維生素 D3，在體內皆能促進鈣質吸收，只是維生素 D3 的利用率較佳。

維生素 D 最主要的來源，就是「曬太陽」，這個要「看天吃飯的維生素」，當天氣不好，基本上維生素 D 就很難吸收的足夠。在台灣，雨季來臨或是秋冬陰雨綿綿，想要透過曬太陽來獲得足夠的維生素 D，更是難上加難。這幾年的營養調查也發現，無論是哪個年齡層的民眾，小至嬰幼兒，大至老人，幾乎有八成以上的國人有維生素 D 缺乏的問題，素食者更是要特別留意維生素 D 是否缺乏與否。因此，透過飲食上的加強以及維生素 D 的補充，似乎是勢在必行。

維生素 D 缺乏，容易造成骨骼礦物質化不足，在嬰幼兒時期為佝僂症，在成人則為骨軟化症或是提高了骨質疏鬆的風險。此外，這幾年許多研發也發現，維生素 D 與免疫、糖尿病、癌症、心血管疾病、肌少症等健康議題有關，但除了維生素 D 與骨骼健康的關係為實證科學所確認之外，其餘的關係均缺乏有力的實證醫學支持。

在嬰幼兒階段，前六個月來說，一般新手爸媽鮮少帶這年紀的寶寶外出，其實只要避免太陽光直射眼睛，或是避開正中午到下午 2 點這段時間。夏天的話，曬個 5 ～ 10 分鐘，就可以獲得足夠的維生素 D 了，冬天的話，就要延長到 20 分鐘。除了日照之外，**飲食中也需要為寶寶的副食品多留意一些維生素 D 豐富的食物來源，像是魚類（鮭魚）、蕈類（日曬過）、維生素 D 強化的配方奶等**。雖然 100 公克的黑木耳維生素 D 含量非常高（如下表所示），但平時很少會吃到 100 公克這麼多的黑木耳，反而是100 公克的鮭魚比較容易做到，而且維生素 D 的食物來源並不多樣，因此，建議平時也可以透過保健品來補充維生素 D，寶寶也可以選擇滴劑的劑型，方便添加於配方奶或是副食品之中。

　　國內有研究調查發現，純母奶哺餵的寶寶，其維生素 D 的營養狀況，低於標準的高達八成以上，因此，針對於母奶哺餵的寶寶，由於母乳的維生素 D 含量不高，因此，建議媽媽可以補充保健品來攝取足夠的維生素 D（但劑量需要非常高），讓乳汁的維生素 D 含量提高，讓母奶寶寶可以透過乳汁攝取到維生素 D 含量較高的母奶，以預防寶寶缺乏維生素 D 而造成骨骼的正常發展。

　　依照國人膳食營養素參考攝取量修訂第八版，如下表所示，爸媽們可以看到 0 ～ 12 個月大、1 ～ 3 歲的嬰幼兒，維生素 D 的足夠攝取量為 10 微克（相當於 400 IU 國際單位）。這個版本比第七版增加了一倍劑量，主要也是因為營養調查結果發現，國人的維生素 D 攝取普遍不足的關係，所以有提高建議攝取量。

✦ 以下為維生素 D 豐富的食物來源及含量：

| 年齡層 | AI（足夠攝取量） | UL（上限攝取量） |
|---|---|---|
| 0 ～ 6 個月 | 10 微克（400 IU） | 25 微克（1000 IU） |
| 7 ～ 12 個月 | 10 微克（400 IU） | 25 微克（1000 IU） |
| 1 ～ 3 歲 | 10 微克（400 IU） | 50 微克（2000 IU） |
| 孕婦 | 10 微克（400 IU） | 50 微克（2000 IU） |
| 哺乳婦 | 10 微克（400 IU） | 50 微克（2000 IU） |

## 鈣質

　　鈣質是生長發育中的嬰幼兒最需要的礦物質之一，攝取足夠的鈣質，有助於寶寶 6 ～ 7 個月的長牙階段、1 歲之後的長高長壯。**從 4 ～ 6 個月開始接觸副食品，爸媽們不妨可以從黑芝麻粉、板豆腐、豆乾、魚類、蝦皮、深綠色蔬菜（像是地瓜葉、綠花椰菜等）來增加鈣質的攝取，若是滿 1 歲以上的大寶寶，就可以再透過鮮奶來提高鈣質的攝取量。**另外，對於全母奶哺餵的媽媽來說，富含鈣質的食物攝取更是重要，等於是一人吃兩人補的概念，若一般飲食很難攝取到足夠的量（哺乳婦，每日鈣質建議攝取量為 1000 毫克），建議也可以從營養補充品來獲得足夠的鈣質。關於鈣質豐富的食物參考，如下表所示。

✦ 表、以下為含有豐富鈣質的食物來源及含量：

| 年齡層 | 每 100 公克含鈣量（毫克） | 一份重量（公克） | 每份含鈣量（毫克） |
|---|---|---|---|
| 高鈣黑芝麻粉 | 1720 | 10 | 172 |
| 髮菜 | 1263 | 10 | 126.3 |
| 小方豆干 | 685 | 40 | 274 |
| 五香豆干 | 273 | 35 | 95.6 |
| 傳統豆腐 | 140 | 80 | 112 |
| 地瓜葉 | 100 | 100 | 100 |
| 鮮奶 | 110 | 240 | 264 |
| 小魚乾 | 2213 | 10 | 221.3 |
| 蝦皮 | 1381 | 20 | 276 |

※ 參考台灣食品成分資料庫、市售芝麻粉比較

以下主要是針對於嬰幼兒、孕婦及哺乳婦的足夠攝取量，以表格做整理，提供給爸媽們參考。

✦ 國人膳食營養素參考攝取量修訂第八版，針對於 0 ～ 3 歲嬰幼兒、孕婦及哺乳婦的鈣質足夠攝取量（AI）及上限攝取量（UL）：

| 年齡層 | AI（足夠攝取量） | UL（上限攝取量） |
|---|---|---|
| 0 ～ 6 個月 | 300 毫克 | 1000 毫克 |
| 7 ～ 12 個月 | 400 毫克 | 1500 毫克 |
| 1 ～ 3 歲 | 500 毫克 | 2500 毫克 |
| 孕婦 | 1000 毫克 | 2500 毫克 |
| 哺乳婦 | 1000 毫克 | 2500 毫克 |

由上表所知，保健食品的劑量很重要，**成人的劑量很有可能就是寶寶的上限攝取量，所以不能將成人的保健食品給小孩吃。0 ～ 3 歲寶寶補鈣，從一般天然食物攝取是最安全，而且來源多樣，很容易就可以達到建議攝取量 300 ～ 500 毫克不等**，但隨著小孩越來越大，進入幼稚園、國小、國中、高中階段，鈣質的需求會逐年增加，這時

候也就要越留意攝取量是否足夠等問題了。

## 鐵質

　　這幾年各個專家在說明關於嬰幼兒的營養素時，你會發現特別關注於「鐵質」，主要是因為鐵質不僅提供新生兒的腦部發育，更攸關於寶寶長大後的「認知」功能，影響的時間甚至可以到小學階段（4～12 歲）。缺鐵的孩子，除了會有一些貧血的問題外，也容易疲倦、較無血色，學習力及認知力下降等，所以，在寶寶階段，「鐵質攝取的足夠與否」是他們成長發育中的關鍵。

　　出生後的嬰兒不太會缺鐵，除非媽媽本身是處於缺鐵貧血狀態，嬰兒才會有缺鐵或是邊源性缺鐵的風險，主要是因為**媽媽在懷孕第三階段7～9個月，是「補鐵」最重要的時期，若第三孕期補鐵補得好，寶寶體內的鐵質足夠用到出生後的4個月大，爾後再透過副食品的給予，延續鐵質的攝取，這樣就比較不會有缺鐵的風險。**但是若母體在第三孕期補鐵補得不夠好的話，寶寶的確會有比較高的缺鐵風險；此外，母奶的鐵質含量也是相對較低，因此，純母奶補餵的寶寶，在銜接副食品的階段，也需要特別留意富含鐵質的食物攝取，以避免發生缺鐵性貧血等健康問題。

　　含鐵豐富的食物（如下表所示），一般來說，動物性的食物像豬肝、牛肉、豬瘦肉、羊肉、蝦、蜆等，植物性食物的話像是菠菜、紅莧菜、紅鳳菜、黑木耳、乾豆

類、紅火龍果等，但由於動物性含鐵豐富的食物，含有「血基質鐵」的關係，身體的吸收率較高（約 30%），而植物性食物的鐵為「非血基質鐵」，所以吸收率並不高（約 3～5%），因此，考量「吸收率」的關係，建議在寶寶開始接觸副食品的階段，可以攝取一些紅肉類、豬肝、蜆等動物性食物，餐後再攝取一些富含維生素 C 的水果，如芭樂、奇異果、柑橘類、草莓、小番茄等，可以更有效率地提高鐵質的吸收。

✦ 表、以下為含有豐富鐵質的食物來源及含量：

| 食物 | 每 100 公克含鐵量（毫克） | 一份重量（公克） | 每份含量（毫克） | 吸收率 |
|---|---|---|---|---|
| 豬肝 | 1720 | 30 | 3.3 | 約 30% |
| 牛肉 | 1263 | 40 | 1.12 | |
| 文蛤 | 685 | 60 | 7.74 | |
| 菠菜 | 273 | 100 | 2.1 | 約 3～5% |
| 紅莧菜 | 140 | 100 | 12 | |
| 紅鳳菜 | 100 | 100 | 5.97 | |
| 髮菜 | 110 | 10 | 3.38 | |
| 紅火龍果 | 2213 | 110 | 1.58 | |

※ 參考台灣食品成分資料庫

除此之外，鈣和鐵在身體內吸收的管道為同一個，所以當在同一餐食物裡頭，若同時攝取富含有鈣質以及鐵質的食物，身體則無法分辨應該吸收哪個礦物質，所以最好的方式就是將高鈣及高鐵的食物，分在不同餐食食用，這樣就可以確保鈣質和鐵質都可以順利被吸收。

## 葉酸

在 2011 年臺灣嬰幼兒體位與營養狀況調查結果顯示，1～3 歲的幼兒，在葉酸平均攝取量皆有不足的現象，未達 2 ／ 3 參考攝取量，4～6 歲兒童更是嚴重。「葉酸」屬於維生素 B 群的其中一種，若是缺乏的話，會干擾紅血球的形成而引起巨球性貧血，或是腹瀉、吸收不良、免疫力下降、神經發育及功能受損等健康問題。因此，建議嬰幼兒在接觸副食品後，留意富含葉酸的食物攝取，像是深綠色蔬菜、全穀雜糧、豆類等食物，以免嬰幼兒的葉酸缺乏。以下列表提供關於 0～3 歲嬰幼兒的葉酸攝取量。

✦ 國人膳食營養素參考攝取量修訂第八版，針對於 0～3 歲嬰幼兒的葉酸參考攝取量：

| 年齡層 | AI（足夠攝取量） | 參考攝取量 |
| --- | --- | --- |
| 0～6 個月 | 70 微克 | - |
| 7～12 個月 | 85 微克 | - |
| 1～3 歲 | - | 170 微克 |

## ★ 嬰幼兒幾歲可以吃起司呢？起司該如何挑選？

　　我們先前有跟爸媽們提過，嬰幼兒時期應該要攝取鈣質豐富的食物，鈣質豐富的食物像是鮮奶、優酪乳、優格、起司、乳酪絲等。因此，許多家長就會想了解，寶寶可以吃起司嗎？幾歲可以吃呢？

　　我們先來看一下起司的成分，一般來說，市售的起司可以分成兩種，一種是「加工起司」，另一種是「天然起司」。加工起司的成分多半為乳化劑、奶粉、色素、植物油、磷酸鈉、防腐劑等；而天然起司的成分相對單純許多，含有牛乳、凝乳酶、乳酸菌及鹽。所以以成份來看，當然會建議選擇天然起司為優先。但有許多人說，加工起司因含有磷酸鈉所以會影響鈣質吸收，基本上加工起司一天 1～2 片並不會因此就會影響鈣質吸收。很多時候是攝取的份量，磷酸鹽廣泛運用於食品加工製品，像是加工肉丸、加工的火鍋料等，若你一整天三餐都會吃到加工食品（可口可樂也是含有磷酸），那麼就不敢保證了，有可能是你加總吃起來的磷酸鹽過多，造成體內鈣磷比失衡，當然過多的磷酸會造成鈣質的流失！若是你一天僅有早上自製吐司會吃到一、兩片加工起司的話，其實不用太擔心。但是除了加工起司的選擇之外，還能買得到「天然起司」豈不是更好嗎？

　　天然起司屬於高鈣食品，雖然是補鈣的食物選項之一，但也不是很適合給太小的寶寶（6 個月大以下的寶寶）食用喔！主要是因為有添加食鹽，鈉含量相對會比較高，一歲以前的寶寶腎臟未發育完全，所以最安全的作法就是一歲之後再給予天然起司，一天 1 片即可，可以將天然起司入菜，增添料理的風味。

✦ 表、以下為加工起司和天然起司成分比較：

| 項目 | 加工起司 | 天然起司 |
|---|---|---|
| 成分 | 乳化劑、奶粉、色素、植物油、磷酸鈉、防腐劑等 | 牛乳、凝乳酶、乳酸菌及鹽 |

## ★ 1 歲以上的寶寶要換成喝成長奶粉嗎？<br>什麼是成長奶粉？

　　市售的「成長奶粉」，是針對於 1 歲以上的寶寶所設計的奶粉。由於 1 歲以上的寶寶可以喝鮮奶了，所以基本上我不積極鼓勵讓孩子喝成長奶粉，反而會建議飲食應該多樣化。為什麼呢？主要是因為市售的成長奶粉多半會添加比較多蔗糖調味，增加孩子蛀牙及肥胖的風險，說成是調味乳我都覺得不為過，但也不是絕對不能喝成長奶粉，而是爸媽們要學會怎麼幫寶寶挑選適合 1 歲寶寶的成長奶粉。

　　**與其說是「成長奶粉」，我覺得更適合以「營養強化奶粉」來說，可能會更適當**，因為成長奶粉裡面會強化比較多寶寶所需的營養素，像是必需脂肪酸，含有 Omega-6 亞麻油酸及 Omega-3 次亞麻油酸，亞麻油酸能夠在體內代謝成花生油四烯酸（AA），幫助腦細胞膜發育，而次亞麻油酸可以在體內合成 DHA，促進寶寶腦部、視力及中樞神經的良好發展；此外，有些會額外強化維生素及礦物質，如維生素 D 及鈣、鐵等以及額外添加 DHA 的部分，這些其實都是 1 歲以上的寶寶持續所需要的養分。所以對於副食品有些孩子真的吃得份量比較少，或是挑食比較嚴重，爸媽們除了多方嘗試鼓勵寶寶以及運用一些小技巧外，早上及睡前一杯成長奶粉我覺得是可以接受的。

　　基本上寶寶喝奶其實不用分階段，你會看到市面上許多嬰幼兒奶粉都

會分階段，像是 1 到 3 歲、三至五歲等，搞得新手家長頭昏腦脹。除非你拿大人的奶粉給寶寶喝，我覺得就會不妥，不然 1 至 6 歲的寶寶奶粉，其實三大營養素差異並不大，各家有各家添加不同營養素的訴求，因此，成長奶粉沒有一定要喝，若想要給寶寶喝，也請留意挑選的原則。

在挑選上面我更在乎的是「有無蔗糖添加」，以及乳源產地、是否有添加香料，可以觀察有無添加香草香料或是乙基香蘭夾醛等添加物成分，最好是成分單純些為宜。1 歲以上的寶寶，逐漸傾向以大人飲食為主（留意調味），成長奶粉應為輔，這樣對寶寶的整體生長發育才會有更好的幫助。

## ★ 1 歲以上的寶寶可以吃含糖的食物嗎？

甜味食物讓人吃起來充滿愉悅，大部分的寶寶也是如此，但「精緻糖」對於健康的危害較大，而且廣泛存在於許多食品當中，像是麵包、蛋糕、餅乾、糕點、含糖養樂多、飲品、糖果等。寶寶還小盡量不要讓他養成喜歡「吃甜」這件事，不然等到長大，他就會傾向於愛吃甜食，容易提高蛀牙、肥胖等健康威脅，會增加罹患新陳代謝症候群的機會，所以以寶寶的健康長遠來看，1 歲以下不建議吃含糖製品，即使是 1 歲以上也應該避免。美國 FDA 的建議，每日糖份攝取量應低於總熱量 5%，會更適合於 1 歲以上的寶寶，1 歲以上左右的寶寶，每日總熱量約 1000 大卡上下，所以若我們以 1000 大卡計算，1 歲的寶寶每日精緻糖的攝取量應低於 12.5 公克，而一瓶養樂多的糖量就有 15 公克，實在是太可怕了！

寶寶飲食的甜味來源可以透過攝取不同種類的水果，獲得適當的果糖、葡萄糖等。此外，水果富含膳食纖維、維生素、礦物質及水分，是六

大類食物之一，更是寶寶每日應該攝取到的食物，建議每日水果的攝取量控制在兩份以內，像是一顆奇異果及一顆柳丁就剛好是兩份的水果量。攝取適量的水果，有助於刺激腸道蠕動，幫助排便。

此外，由於外面市售的點心傾向高糖、高油，若家長有空，也可以為寶寶做些低糖的點心料理及烘焙製品，運用一些好糖，像是富含礦物質的「椰棕糖」、幫助維持良好菌相的「異麥芽寡糖」、「果寡糖」、「菊苣纖維」等，也可以善用有些帶有甜味的根莖類食物及水果，像是番薯、南瓜、香蕉、蘋果等，都可以入料理、做點心，就可以達到減糖的效果囉！

另外，給予嬰幼兒「異麥芽寡糖」、「果寡糖」、「菊苣纖維」的份量需要留意，每天約 5 ～ 10 公克為宜，不適合一次給予太多，不然容易造成脹氣，有些腸胃較敏感的人，甚至會有腹瀉等狀況發生。

在後續的章節，將與大家分享更多關於寶寶的料理及點心。

## ★ 嬰幼兒可以喝果汁嗎？

營養師先前有跟大家分享寶寶攝取適量的水果是非常重要的，不僅是較健康的甜味來源，也含有豐富的膳食纖維、維生素、礦物質及水分。但在給予寶寶水果的同時，須考量到寶寶的

年紀、長牙咀嚼的狀況，以及水果的軟硬度等，比較小的孩子其實可以提供較軟的水果，像是香蕉、木瓜等，用湯匙壓成泥就可以餵食，再大一些，就可以讓孩子自己握取食用。但有些家長貼心過度，很喜歡將水果打成果汁給寶寶放在水壺裡喝，這樣的行為其實並不妥，給予嬰幼兒喝果汁，壞處多於好處，主要有以下幾點

> ➲ 果汁含有較高的糖份，可能導致幼兒攝取過多的熱量。
> ➲ 果汁含有較高的糖份，也會提高了蛀牙的風險。
> ➲ 果汁含有較高的糖份且膳食纖維含量少，喝果汁等同於喝含糖飲料，會去抑制生長激素分泌達兩小時之久，影響幼兒的成長發育。
> ➲ 果汁缺乏蛋白質及膳食纖維，可能造成幼兒生長較慢或是過重等健康問題。

　　常喝果汁的人，由於果汁沒有什麼纖維，糖很快就會被吸收，導致血糖的波動。但攝取完整的水果，需要時間慢慢咀嚼以及腸胃道的消化，才會讓其中的營養素慢慢釋出，完整的果肉攝取可以產生飽足感，促進腸道蠕動，幫助排便。

　　美國小兒科醫學會早在 2017 年就發表聲明：
● 1 歲以下嬰幼兒禁喝果汁；
● 1 歲至 3 歲孩童，每天果汁飲用量不超過 4 盎司（約 120 毫升）
● 4 歲至 6 歲孩童，每天果汁飲用量不超過 4 盎司至 6 盎司（約 120 至 180 毫升）

● 7 歲至 18 歲兒童，每天果汁飲用量不得超過 8 盎司（約 240 毫升）

外面市售的瓶裝柳丁汁，約莫需要 6 ～ 7 顆柳丁榨汁，假若一瓶全喝完，那麼水果攝取量已經遠超過每日兩份的建議攝取量了。長期攝取果汁下來的結果，最終就是導致幼兒嗜甜，且肥胖的機會大大提升。身為嬰幼兒健康守護者的爸媽們，請鼓勵孩子多喝白開水，白開水才是最能止渴且是最健康的飲品。

## ★ 哪些食物要留意嬰幼兒不宜食用？

● 蜂蜜真的是 1 歲前食用黑名單

蜂蜜對於大部分的人來說，絕對是安全且可提供身體某些微量元素的糖分選擇，但是由於蜂蜜的製造過程中，為了避免破壞營養成分，不會經過高溫殺菌，所以可能含有微量肉毒桿菌孢子，這些成分對於胃腸道發育成熟的人來說是安全的，但是對於 1 歲前胃腸道發育尚未成熟的寶寶來說，可能會產生神經毒素而有致命風險。所以蜂蜜對於 0 ～ 1 歲寶寶真的是飲食禁忌，1 歲後隨著寶寶胃腸道發育成熟，日常適量攝取蜂蜜及其製品就不需要特別擔心了。

● 鹽巴

前面提到副食品並不需要額外添加鹽巴，寶寶體積小，透過喝奶與副食品中含鈉量其實就足夠，加上寶寶剛開始認識食物的味道當然以原味最佳。但若寶寶始終很排斥所有的副食品，爸媽也試了很多的食物和方法，都無法引起寶寶的興趣，或是寶寶因食慾不佳導致生長曲線過低，這時候其實可以考慮添加適量的鹽來增加口味，若孩子因此願意多吃，就不必糾結在嬰幼兒避免吃鹽的迷思裡。

會擔心額外給予寶寶鹽巴是因為大部分家長認為，專家都強調現代人要「少油少鹽」才健康（衛服部調查台灣人每日鹽分攝取量大多超標），如果寶寶吃太多鹽，總是擔心對身體不好，也怕從小養成重鹹口味習慣（味覺由奢入儉難）。如果真的要使用，在製作寶寶副食品的時候，大約1小湯匙（5公克）可煮到 5 ～ 6 天的菜量（如果一起製備大人的餐點，也可以順便改善重口味的習慣，開始下修飲食中含鈉量），就是適合寶寶食用的份量了。而 0 ～ 6 個月的寶寶一日包含喝奶與副食品的所有飲食含鹽量，約在 400 毫克的鈉（1 公克的鹽），則不用擔心過量的問題了。但是還要提醒，不是只有鹽巴是鈉的來源，任何調味料都含有鈉，不論在副食品使用或是兒童料理上面都要酌量喔！


● 深海魚類

深海魚類營養價值豐富，其中所含的必需脂肪酸（ω-3 系列）— DHA 更是寶寶成長發育（幫助眼睛、腦部神經細胞生長）不可或缺的脂肪酸種類，所以很多媽媽在懷孕期間就已經開始補充，希望透過母體供應給寶寶豐富的 DHA。然而深海魚類雖然營養豐富，還是要考慮到重金屬的問題。如果為了攝取 ω-3 脂肪酸而選擇了大型深海魚（如鮪魚等），由於此類魚種位於食物鏈的頂端，所以較容易累積重金屬（甲基汞和鎘）

在其中,尤其易在魚皮、內臟和魚肚等脂肪部位含量最多。若是沒有注意,經常食用就可能造成重金屬累積影響神經等發展,建議平常最好以小型魚為主,且避免長期食用同一種魚類,或長期和同一魚販購買產品,以分擔風險。至於有些家長會認為,日常飲食較難吃到深海魚類,是否需要額外透過營養品補充,前面內容有提到,針對 6 個月到 2 歲的寶寶,基本上每天只要吃到一小小塊鯖魚或鮭魚,即可達到寶寶身體需要的 DHA 含量。

● 加工肉品絕對是飲食大忌

隨著現在食品科技的快速發展,不只是寶寶的副食品,即使是成人,我們也認為日常飲食應該盡可能避免任何加工食品。在台灣,國人大腸癌發生率名列前茅,根據國健署 2012 年資料,台灣每 10 萬人口大腸癌發生率為 45.1 人,比對世界衛生組織(WHO)2012 年所做的全球統計,台灣高出排第 2 名韓國的 45 人及第 3 名斯洛伐克的 42.7 人。而台灣大腸癌患者人數居高不下且逐年增加、年輕化,估計可能與飲食西化、精緻化、愛吃紅肉有關。紅肉已經被 WHO 列為 2 A 級致癌物,而加工肉品如香腸、火腿、培根、貢丸更是被列為 1 級致癌物,每天只要攝取超過 50 公克,就會增加 18％罹患大腸癌的機率。我想對於寶寶或兒童來說更低的攝取量,可能就會造成體內細胞的癌變,而 50 公克的攝取量對幼兒來說,其實是很容易達到的,如 1 條香腸、熱狗或是 2 片培根,就是 50 公克的份量,若小朋友早上吃一片火腿或培根,再加上午餐或晚餐吃了一小根香腸,絕對就已經超過 50 公克的加工肉品吃進肚了!

加上這類加工肉品本身味道都重,小朋友很難不喜歡,所以口味的養成真的要從小做起,盡可能延後寶寶接觸重鹹與加工食物的機會。

## ● 堅果怎麼吃

各類堅果都富含有多元不飽和脂肪酸，一般來說若是飲食中油脂有做控制，是很建議日常將堅果融入在我們的飲食內容中，當然對於寶寶副食品來說，堅果也是個很好的油脂來源，但是要怎麼加入副食品中呢？

▶ 控制攝取量：即使是良好的油脂來源，還是需要控制攝取量。堅果中的脂肪含量很高，以成年人來說，每天吃 6 ～ 8 顆核桃就差不多了，對於寶寶來說需要量當然更少。如果食用過多的堅果，加上寶寶胃腸道尚在發育中，容易引起消化不良，甚至出現脂肪瀉，所以不可在寶寶副食品中隨意無限量添加，更不能盡情吃。

▶ 磨成粉狀給予：前面有提到 3 歲前避免給予整顆堅果，以免發生阻塞呼吸道的危險，所以副食品的添加建議將堅果，用磨碎機磨成粉狀或製成醬料拌入菜、粥或是飯中，不但可以增加口感與味道的變化，還可以充分吸收堅果的營養與熱量。

▶ 注意過敏反應：若寶寶本身有嚴重的過敏體質，堅果第一次添加於副食品中要特別注意餐後反應，一旦發現寶寶有過敏反應，即刻停吃，但也不是一輩子都不能碰，待日後再少量嘗試看看。

## ● 咖啡因

日常生活中咖啡因主要的來源以茶品、咖啡與巧克力為主，對於該不該給予兒童吃點巧克力或是喝點茶，我想是許多家長心中常見的疑問。

根據 2014 人類營養飲食的研究指出，咖啡因對於兒童行為和情緒等影響的對照試驗，發現若每公斤體重攝取的咖啡因量超過 5 毫克（屬高咖啡因的攝取量），就會明顯有些焦慮與戒斷症狀的風險。同時有證據顯示，兒童和青少年應限制每日的咖啡因攝取量，為每公斤體重 2.5 毫克較為適

合，等同於一、兩杯茶（約 200cc）或是小杯的咖啡（約 250cc）。因為研究對象是兒童與青少年，若是家中有國小以上的兒童，這些茶和咖啡只要不過量，並不是完全不能碰。因為這些茶品或咖啡中除了含有咖啡因外，也還有某些抗氧化成分，如兒茶素、綠原酸等，對人體來說都是有益處，各位家長不需要特別擔心，當然家裡的小小孩就要稍微再等等囉！

## ★ 外出時寶寶的副食品如何準備？

外出時可以自己準備好副食品攜帶，或是直接跟著大人一起在餐廳享用。常用及攜帶的工具如下：

● 保溫罐／悶燒罐／環保盒（自備或是盛裝餐廳飯店菜餚）
● 專用餐具／食物專用剪刀
● 圍兜／口水巾／紙巾／酒精

到餐廳用餐時，有以下事項要留意：
●有時候兒童餐反而更多油炸品或加工食品（薯條、薯餅或雞塊等）
●多選單純餐點（少醬料、烹調單純原形食物）
●注意純果汁、其他飲料
●注意餐後點心（布丁、果凍、冰淇淋…等）
●注意均衡度

## ★ 市售寶寶副食品如何挑選？

市售包裝副食品最好不要天天吃、餐餐吃，照顧者可以利用假日或是休假期間，一次製備較大量的副食品（準備多種不同顏色食材），搭配市售包裝副食品，輪流給予才能讓寶寶補充到各類營養素。

而挑選副食品原則建議如下：
- 均衡攝取各類食物：即使是寶寶副食品，營養均衡仍是第一守則，衛福部建議的六大食物盡可能每天攝取到。
- 食物多樣性：現代人食物普遍攝取過於單調，即使熱量攝取足夠，也容易導致某些微量營養素的缺乏。寶寶利用食物來認識這個世界，盡可能給予不同食物，除了食物顏色對於視覺的刺激、味道的變化對於味蕾的衝擊，食物質地軟硬不同也可以訓練口腔肌肉的發展。

- 自製與市售交替給予：市售寶寶副食品多為冷凍產品或高溫殺菌產品，製作或復熱過程中一定會有部分營養被破壞，因此建議若是時間允許，冷凍與新鮮現做副食品搭配或輪流給予。
- 注意市售副食品製造日期與保存期限：盡可能挑選製作日期較近、有品牌、經過檢驗合格的廠商，所生產的產品較有保障。許多副食品為冷凍產品，有時候照顧者一忙很可能

就會忽略保存期限，建議可以將市售副食品保存期限紀錄在冰箱門上，方便提醒自己盡早使用完畢，過期副食品不可再給予寶寶吃。

● 市售副食品多樣化：這邊除了指品牌／店家，也包含口味選擇。每家廠商都有其主打或是熱銷的產品，但是若是長期只選擇那幾種，的確可能造成寶寶營養攝取過於單調，加上許多市售副食品多以根莖類（南瓜、紅蘿蔔、玉米等）居多，因為葉菜類成品顏色通常不太好看、較不易處理。所以除了前述建議市售與新鮮自製副食品搭配給予外，市售副食品也建議多幾個口袋名單，輪流使用。

● 勿存放時間過長：開封產品建議當天食用完畢，如果確定無法當天吃完，建議先用乾淨餐具將寶寶吃的量分裝出來，剩下的將瓶蓋鎖緊（不需要再額外分裝在乾淨容器中）放進冷藏，最多保存 2 ～ 3 天使用完畢，超過則丟棄。

● 觀察產品外觀：市售副食品有許多是玻璃罐或是鐵罐包裝，注意瓶蓋是否有凸起，就像一般罐頭食物，如果殺菌不完全或是密封不完整，就容易滋生細菌產生氣體，使得瓶蓋凸起，這時候就不可以給予寶寶吃。

## ★ 寶貝可以吃點心嗎？

寶寶的點心給予能晚則晚（由奢入儉難），大原則仍是以天然食物為優先，如：各類新鮮水果、地瓜、玉米等，若是加工食品也以父母能

力所及自行自備，寶寶食用量說真的也不多，自己做最安心。

「市售米餅」應該是許多媽媽第一個會想到給寶寶食用的點心選擇！

寶寶到了 4～6 個月以後可以慢慢添加副食品，大多從接觸粥品、果泥開始，而副食品除了能填補母乳或配方奶中不足的營養素，同時也能訓練寶寶咀嚼及吞嚥能力，為日後離乳做準備。因為現在許多為雙薪家庭，照顧者沒有太多時間準備副食品等餐點，就可能會選擇市售的嬰幼兒米粉或米精作為副食品，等到孩子開始長牙時，再購買米餅作為小點心，除了舒緩長牙不舒服的感覺，還能訓練抓握及口眼協調能力。

雖然跟大部分餅乾比較起來，米餅的主要原料為米來進行加工，以成份來說當然單純許多，但是任何產品加工都可能導致營養素的流失與其他問題的衍生，因此選擇寶寶零食時仍建議以天然食物為優先考慮，不妨可以利用紅蘿蔔、玉米、冷凍香蕉等來滿足口慾期的需要。

## ★ 寶貝需要額外攝取益生菌嗎？

現在許多家長望子成龍、望女成鳳，都希望自己的孩子贏在起跑點，連營養品的補充也感覺不能落後，但是寶寶真的需要嗎？台灣保健品市場極為龐大，幾乎每個人都有吃保健品的習慣，所以許多照顧者在自己吃的同時，也會覺得孩子是不是也應該吃保健品，其中最常被大家考慮的就是益生菌產品。

基本上腸道細菌可簡單分為：有益菌、有害菌及中間菌；有益菌可促進健康、有害菌造成疾病發生、而中間菌平時無害，但當人體抵抗力低落時會伺機而動、趁機作亂。寶寶出生後，原本無菌的腸道，便開始默默累積數量龐大的腸道菌叢，這些細菌種類會隨著食物、環境、壓力、作息、年齡及疾病或藥物而改變。

　　寶寶剛出生腸道系統尚未發育完全，食物來源非常單純，正在建立專屬於自己的腸道菌叢，此時正常來說不需要特別補充益生菌。建議在寶寶 4～6 個月後開始食用副食品，環境及食物對腸道菌叢影響日益加大，再看需求決定補充與否。

　　當然，有些具有嚴重過敏症狀或是特殊疾病的寶寶，醫生也許會建議 6 個月後，可以開始給予益生菌相關產品，該注意些什麼呢？

### 一、兒童益生菌為優先

　　市面上益生菌產品千百種，小孩的腸道菌叢明顯與成人不同，因此建議給予兒童專用益生菌產品。兒童產品除了考慮適合孩子的菌叢種類外，通常以粉狀為主，針對大部分小朋友對於錠劑或膠囊產品的吞嚥能力不佳，食用時會有噎住的風險，粉狀產品相對安全性與接受度都較高。食用上建議可混合水或食物一併食用，但若是剝開膠囊後不影響益生菌存活定殖率的膠囊產品亦可列入考慮。

### 二、避免過多添加物

　　市面上有許多益生菌製作成果汁、果凍狀，說真的其中的添加物與糖分實在驚人，雖然小朋友接受度超高，但是過多人工添加物及糖分，可能會導致小孩養成重口味、增加蛀牙及其他相關健康風險，購買前應先詳細閱讀成分並留意產品含糖量。

### 三、益生菌可以加在牛奶裡餵寶寶吃嗎？

　　一般益生菌不耐高溫，所以建議加在室溫白開水給予為優先，若是一定要加在牛奶中，

◆ 益伏敏 調整體質益生菌
護敏益生菌能幫助調節生理機能、改變細菌叢生態，建立體內生理平衡良好狀態，打造隱形保護罩，全面守護寶寶健康。

切記泡奶的水溫不可超過 40℃，若是溫度較高建議放置一下再加入益生菌產品較適合，以免影響益生菌的存活率。除了牛奶之外，將益生菌加在果汁或蔬果泥中，也是非常適合寶寶的食用方式。

◆益菌優 母嬰幼益生菌
專為媽媽寶寶設計的母嬰幼益生菌配方，寶寶吃副食品時很適合添加在裡面，是媽媽育兒不可或缺的好幫手！

## ★ 寶貝需要額外吃營養補充品嗎？

　　台灣人對於保健品的依賴度真的非常高，也因為購買保健品非常方便，所以導致許多人仗著自己手邊有很多產品，反而更不注重正餐食物的種類與來源。老話一句，我們的營養來源都應該以正常天然食物為主，若有特殊狀況才考慮營養品的補充。嬰幼兒所需的營養量比成人更少，若是喝奶量與副食品的攝取都正常的情況下，基本上不需要額外營養素的補充。但若是早產兒出生體重不足或胎齡過小，則可能需要在醫師建議下攝取補充品。

# Part 2

# 自己準備
# 副食品很安心

這章節會以小寶寶、大寶寶的飲食來做區分及介紹，
基本上會以一歲當作分界，但是每個孩子的生長發育及長牙的狀況皆不同，
所以爸媽可以視自己寶寶的狀況去做調整。

# 不同年紀的寶寶，準備副食品攻略及注意事項：

　　無論開始吃副食品的小寶寶或是大寶寶，飲食的內容都希望能做到「均衡飲食」。

　　什麼是均衡飲食？簡單來說，就是每天均衡攝取六大類食物，我們把食物分成六大類「全穀雜糧類、豆於蛋肉類、蔬菜類、水果類、油脂及堅果種子類、乳品類」（如下圖所示），每種食物所提供的營養素都很重要，不宜偏頗任何一類食物，每類食物可以提供的營養素及對身體的幫助，用表格來跟爸媽說明，相信會更清楚。

資料來源：衛生福利部國民健康署

| 各類食物 | 全穀雜糧類 |
| --- | --- |
| **主要代表食物** | ⊃ 全穀類：糙米、黑米（黑糙米）、燕麥、藜麥、全蕎麥、全小米、糙薏仁、全小麥、糙糯米、玉米等<br>⊃ 雜糧類：紅豆、綠豆、花豆、皇帝豆、蓮子等<br>⊃ 根莖類：番薯、南瓜、馬鈴薯、山藥、蓮藕、芋頭等 |
| **主要提供營養素** | 提供醣類（碳水化合物）、維生素（B 群、維生素 E）、礦物質、微量元素、膳食纖維等。 |
| **對生理功能的幫助** | ⊃ 醣類：提供能量最主要的來源。<br>⊃ B 群：特別是維生素 B1，為水溶性維生素，當作酵素的輔酶，參與能量代謝，維持周邊神經傳導的正常運作。缺乏維生素 B1 容易引起周邊神經傳導的問題。<br>⊃ 維生素 E：為脂溶性維生素，像是穀類中的糙米，其麩皮層富含有維生素 E，可以幫助維持細胞膜的完整性，避免被自由基所攻擊，屬於抗氧化維生素代表之一。缺乏維生素 E，容易造成溶血性貧血。<br>⊃ 礦物質、微量元素（鋅、銅）：維持生理機能、維持滲透壓（鈉鉀）、幫助肌肉收縮（鈣鎂）、幫助造血（鐵）等。<br>⊃ 膳食纖維：提供飽足感、促進腸道蠕動、幫助排便、維持良好的腸道機能等。 |

| 各類食物 | 乳品類 |
| --- | --- |
| **主要代表食物** | 鮮乳、牛奶、無調味保久乳、優格、優酪乳、乳酪絲、起司等。 |
| **主要提供營養素** | 提供優質蛋白質、脂肪、維生素 D、維生素 B2、豐富鈣質等。 |
| **對生理功能的幫助** | ⊃ 優質蛋白質：幫助建構身體組織、幫助寶寶長高長壯、幫助製造免疫細胞、維持良好抵抗力等。<br>⊃ 維生素 B2：為水溶性維生素，幫助皮膚、頭髮、指甲的生長，缺乏會造成口角炎、唇炎等。<br>⊃ 維生素 D：為脂溶性維生素，幫助鈣質吸收，維持良好免疫功能等。<br>⊃ 鈣質：幫助寶寶長牙、長高，維持電解質平衡、參與血壓調節、參與凝血功能等。 |

| 各類食物 | 豆魚蛋肉類 |
|---|---|
| **主要代表食物** | 黃豆及其相關製品（豆漿、豆腐、豆干、豆皮等）、毛豆、魚類（中小型魚為佳）、雞蛋、雞肉（白肉為佳）、豬牛羊（肥肉少吃、紅肉適量）。 |
| **主要提供營養素** | 提供優質蛋白質為主，其中魚類可提供魚油（EPA 及 DHA）；雞蛋除了有完整的必需胺基酸之外，蛋黃的部分更可以提供維生素 B2、卵磷脂、葉黃素等；豬牛羊雖為飽和脂肪高的紅肉，但含有豐富的鐵質，適合生長發育的嬰幼兒適量食用。 |
| **對生理功能的幫助** | ○魚油：EPA 幫助血液循環、DHA 有助於寶寶的腦部發育（200mg/天）。<br>○ 優質蛋白質：幫助建構身體組織、幫助寶寶長高長壯、幫助製造免疫細胞、維持良好抵抗力等。<br>○ 卵磷脂：為細胞膜的主要成分之一，可以幫助腦細胞的發育，對於記憶力及反應靈活度都有幫助。<br>○ 維生素 B2：為水溶性維生素，幫助皮膚、頭髮、指甲的生長，缺乏會造成口角炎、唇炎等。<br>○ 鐵質：寶寶腦部及認知功能發育重要的礦物質，以及預防貧血。 |
| 各類食物 | 蔬菜類 |
| **主要代表食物** | 各種顏色的蔬菜，紅黃綠紫白，彩虹蔬果的概念。 |
| **主要提供營養素** | 提供豐富膳食纖維、維生素及礦物質的食物來源，更具特色的為「植物化學營養素」，又稱「植化素」。 |
| **對生理功能的幫助** | ○ 膳食纖維：提供飽足感、促進腸道蠕動、幫助排便、維持良好的腸道機能等。<br>○ 維生素 A：主要存在於深綠色蔬菜、橘黃系列的甜椒以及胡蘿蔔等，能夠維持良好的夜間視覺，增進皮膚與黏膜的健康。<br>○ 維生素 C：屬於抗氧化維生素之一，促進膠原蛋白的形成，有助於傷口癒合，能夠維持細胞排列的緊密性，減少病菌的入侵，更有助於鐵的吸收。<br>○ 維生素 K：有助血液正常的凝固功能，促進骨質的鈣化，活化肝臟與血液中的凝血蛋白質。<br>○ 鎂：蔬菜是鎂礦物質重要的來源，鎂有助於整體的新陳代謝，特別是醣類的代謝，對於血壓及神經的調節都有幫助。<br>○ 鐵質：寶寶腦部及認知功能發育重要的礦物質，以及預防貧血。<br>○ 植化素：為抗氧化物質，能對抗自由基減少對細胞的傷害。 |

| 各類食物 | 水果類 |
|---|---|
| **主要代表食物** | 各種顏色的蔬菜，紅黃綠紫白，彩虹蔬果的概念。 |
| **主要提供營養素** | 提供豐富膳食纖維、維生素及礦物質的食物來源，更具特色的為「植物化學營養素」，又稱「植化素」。 |
| **對生理功能的幫助** | ➲ 膳食纖維：提供飽足感、促進腸道蠕動、幫助排便、維持良好的腸道機能等。<br>➲ 維生素 A：像是木瓜、柿子等水果，富含維生素 A，能夠維持良好的夜間視覺，增進皮膚與黏膜的健康。<br>➲ 維生素 C：屬於抗氧化維生素之一，促進膠原蛋白的形成，有助於傷口癒合，能夠維持細胞排列的緊密性，減少病菌的入侵，更有助於鐵的吸收。維生素 C 豐富的水果，像是芭樂、奇異果、柑橘類等。<br>➲ 植化素：為抗氧化物質，能對抗自由基減少對細胞的傷害。 |
| **各類食物** | **油脂及堅果種子類** |
| **主要代表食物** | ➲ 優質植物油：像是橄欖油、苦茶油、芥花油、亞麻仁油、芝麻油等。<br>➲ 無調味綜合堅果：腰果、核桃、杏仁果、松子、南瓜籽、開心果等。<br>➲ 種子類：亞麻仁籽、黑芝麻等。 |
| **主要提供營養素** | 優質植物油主要提供豐富的不飽和脂肪酸、維生素 E 等；而堅果及種子類，主要是提供部分蛋白質、膳食纖維、維生素 E 及礦物質。 |
| **對生理功能的幫助** | ➲ 脂肪：含有許多必需脂肪酸，可以提供給嬰幼兒在成長發育所需的脂肪酸。<br>➲ 維生素 E：為脂溶性維生素，可以幫助維持細胞膜的完整性，避免被自由基所攻擊，屬於抗氧化維生素代表之一。缺乏維生素 E，容易造成溶血性貧血。<br>膳食纖維：提供飽足感、促進腸道蠕動、幫助排便、維持良好的腸道機能等。 |

# QUESTION A 一歲以內的小寶寶副食品該吃什麼？吃的營養嗎？

　　由於每位寶寶的個別生長發育不同、個性學習能力不同，或是爸媽想給予寶寶的刺激引導也有所不同，所以這邊會以「傳統漸進式的飲食模式」為主，再搭配上一些「手指食物」，提供給家中有一歲以內小寶寶的爸媽們參考；而至於一歲以上的大寶寶，在餐食方面，基本上和小寶寶最大的差異在於「食物的質地」以及「顆粒大小不同」，雖說如此，營養師還是有見過有些一歲以上的大寶寶，咀嚼能力很好，玉米啃得很開心。所以說，爸媽們還是要依照自己寶寶的牙口發展狀況，來做飲食上的調整與

規劃！

　　但**無論是小寶寶或是大寶寶的飲食，在餐食設計上面一定要留意「營養均衡度」**，營養均衡度並不難掌握，只要照著每日飲食指南，讓寶寶平均攝取到六大類食物，就可以輕鬆獲得大部分的營養素了，所以養成寶寶不挑食的好習慣非常重要，這是強健體魄不生病的第一個關鍵。

☑ 選擇天然原態性食物、少加工食品、少油炸，避免精製糖的添加，以及過度調味的料理，避免寶寶未來喜歡太重口味的食品或是甜食、含糖飲料、果汁等。

☑ 少量多樣化，不用刻意選擇低敏食物，除非寶寶嘗試過，引起嚴重的過敏反應，不然延遲給予致敏食物並不會因此而降低過敏反應的發生。

☑ 給予的份量不需要一次給予太多，易引起反效果，寶寶看到一大碗反而會不想吃。

☑ 不需急著要取代一餐奶，1 歲以前的副食品給予，主要是讓寶寶對於食物產生興趣，8 ～ 9 個月大，副食品吃得不錯，有可能可以取代一餐奶，大約在 1 歲時，奶（寶寶奶或母奶）：固體食物＝ 40：60，一天的餐食搭配以「三正餐加上 2 ～ 3 次奶」就非常足夠囉！

飲食禁忌：

● 一歲前不可以提供蜂蜜

一歲前的寶寶免疫系統、腸胃功能及腸道菌叢尚未發育完全，擔心寶寶食用蜂蜜後，受到蜂蜜內的肉毒桿菌感染而中毒，不僅僅是蜂蜜，蜂蜜相關製品也是，像是蜂蜜蛋糕、蜂蜜檸檬水等，家中長輩務必留意。

● 3歲前不提供堅果類食物

堅果的大小，和其它容易造成異物哽塞的食物一樣，根據台灣兒科醫學會建議，3歲以下的幼兒，不建議給予堅果、果凍、軟糖、糖果等容易噎食的食物。若是要給予也應該壓碎磨細添加於其他餐食之內，且不可以邊吃邊玩，才能避免噎到。

● 6歲前（學齡前）不提供巧克力及其製品

巧克力相關食品，多半添加較多的精製糖，容易造成寶寶嗜甜，甚至是容易蛀牙和肥胖。此外，巧克力也含有咖啡因，會去刺激寶寶的中樞神經興奮，影響生活作息，也容易造成鈣質流失而長不高。因此，同樣含有咖啡因的咖啡、茶類，都不建議給予生長發育中的嬰幼兒。

我們一起來看看營養師為一歲以內的寶寶規劃了哪些營養又豐富的餐食吧！

# 寶寶粥製作重點

## 寶寶粥架構

| 湯 底 | | | |
|---|---|---|---|
| 昆布湯底 | 洋蔥番茄湯 | 雞高湯 | 魚湯 |

| 主食（全穀雜糧類）+ 適量白米 | | | | | |
|---|---|---|---|---|---|
| 胚芽米 | 五穀米 | 燕麥 | 山藥 | 南瓜 | 馬鈴薯 |

| 蔬菜 | | | | |
|---|---|---|---|---|
| 小松菜 | 胡蘿蔔 | 花椰菜 | 菠菜 | 鴻喜菇 |

| 豆魚蛋肉 | | | | |
|---|---|---|---|---|
| 雞蛋 | 魚蓉 | 牛肉（或豬絞肉） | 雞蓉 | 豆腐 |

| 油 脂 | | | |
|---|---|---|---|
| 芥花油 | 芝麻油 | 橄欖油 | 核桃油 |

| 起司片（適合一歲以上嬰幼兒） |
|---|

在設計寶寶粥的規劃方面，有以下幾個營養師推薦的小技巧及原則：

☑ 運用湯品當作粥品的基底：

可以讓粥品充滿變化，也可以讓寶寶持續嘗試新的食物及風味。像昆布本身帶有大海的養分在裡頭，不須調味，粥品就非常好吃；蔬菜湯的部分，透過洋蔥及番茄帶出甜味，若寶寶怕酸的話，番茄的比例可以減少，換成胡蘿蔔也可以。另外，雞高湯是百搭款，孩子的接受度也是最大的；魚湯的話，透過燉煮，魚油可以完全釋放到湯裡，讓孩子喝到鮮美的甜味，但要留意魚湯一冷掉就容易有魚腥味產生，所以建議煮魚湯的時候可以加些薑片、蔥白去腥，魚湯湯底就會變得更加美味。

☑ 粥品的設計上面別忘了「油脂」：

副食品餐食的設計，在粥品的部分，千萬不要忽略「油脂」的部分！成年人的三大營養素比例為碳水化合物：蛋白質：脂質＝50 ～ 60％：10 ～ 20％：20 ～ 30％；而在嬰幼兒的部分，6 個月大至 1 歲的嬰幼兒，副食品的油脂比例約占 40％，比成人還多，所以嬰幼兒副食品是需要添加油脂的，國外建議，8 個月大以前，一次一餐給予 5 毫升的油脂；8 個月大以後，漸進到一天兩餐的副食品，一天的油脂總量可給予 15 毫升。因此，油脂的添加可以在粥品煮好後再加入，拌勻後再給寶寶吃。

☑ 寶寶粥的設計概念：

小寶寶因剛接觸副食品，會建議先以質地溫和，好消化吸收的食物為主，腸胃道適應一段時間後，再增加食材的豐富度。

☑ 大寶餐食的設計概念：

大寶寶適應副食品一段時間了，建議以食材多樣性的供給方式，以符合嬰幼兒營養的需求。

☑ 雞蛋的蛋黃適合 6 個月大以上的幼兒食用；蛋白容易致敏，建議10 個月大以上食用，1 歲以上已經可以吃全蛋了。

☑ 小寶餐食、寶寶粥及大寶餐食主要是在食物顆粒大小不同、質地不同以及軟硬度不同，每位寶寶的生長發育速度快慢有別，若寶寶發展的速度快，可以視情況進展到下一個階段，以下的寶寶各月齡所攝取的餐食表格僅供爸媽們參考，大致上是依照下表的食物型態發展來給予寶寶食物，但還是要看自己家中的寶寶發展來做調整唷！

☑ 大寶餐食吃得不錯的幼兒，可以漸進成「大寶炊飯」的飲食模式，幾乎等同於大人的飲食模式，只是需要留意「食物顆粒大小」「食物硬度」以及「調味料」的部分，依然不適合給孩子過度調味的食物唷！

✦ 表各月齡所攝取的餐食表格：

| | 小寶餐食<br>（4m～5m） | 小寶餐食<br>（6m～8m） | 寶寶粥<br>（9m～12m+） | 大寶餐食<br>（12m～15m+） |
|---|---|---|---|---|
| 食物型態<br>（質地、顆<br>粒說明） | 糊狀<br>* 無顆粒 | 泥狀<br>* 無顆粒，或是顆<br>粒是牙齦可壓<br>碎 | 半固體狀<br>* 顆粒是牙齦可壓<br>碎 | 固體食物<br>* 小丁（塊）狀、<br>炊飯狀、或正<br>常米飯樣 |
| 製作方式 | 將食物攪打至質地<br>濃稠滑順，湯匙撈<br>起呈現流動狀，水<br>分含量較多 | 將食物攪打成泥<br>狀，會有稍微小顆<br>粒感，但可以用舌<br>頭壓碎吞嚥 | 將食物切成細碎<br>狀，水分含量少，<br>呈現半固體，顆粒<br>感明顯，需要透過<br>舌頭及牙齦壓碎或<br>咀嚼吞嚥 | 食物切成小丁狀或<br>小塊狀，煮軟就<br>可以食用了，或是<br>優先提供軟質的食<br>物為主，視寶寶狀<br>況，咀嚼狀況不錯<br>的寶寶，也可以提<br>供稍微有硬度需要<br>咀嚼的食物 |
| 特性 | 寶寶初嘗試副食品<br>的選項 | 糊狀進展到泥狀，<br>有些寶寶適應很快 | 牙齒尚未長很多顆<br>的情況下，以牙齦<br>可壓碎的型態為主<br>按摩牙齦，有助語<br>言發展 | 要牙齒咀嚼，有助<br>感統及語言發展 |
| 水分比例 | 較多 | 較糊狀少 | 較泥狀少 | 較寶寶粥少 |
| 料理工具 | 運用蒸鍋、調理機<br>料理、磨泥器 | 運用蒸鍋、調理機<br>料理、磨泥器 | 運用蒸鍋、湯鍋、<br>食物剪刀 | 用蒸鍋、湯鍋、食<br>物剪刀 |
| 舉例 | 米糊、麥精糊、各<br>式全穀根莖類糊、<br>蔬菜糊等 | 各樣蔬菜泥、蛋黃<br>泥、魚泥、肉泥、<br>果泥等 | 各式粥品、麵食、<br>提供一些手指食物<br>（Finger food，<br>像是軟質香蕉、長<br>條胡蘿蔔等，食物<br>視狀況剪小） | 飯類、炊飯、麵食<br>等，提供一些手<br>指食物（Finger<br>food，像是軟質<br>香蕉、長條胡蘿蔔<br>等，食物視狀況剪<br>小） |

## ★ 一歲以上的大寶寶該怎麼吃才會有體力，長高又長壯？

　　一歲以上的大寶寶除了基本的主食澱粉食物，可以的話其中一半來自於全穀雜糧食物會更好，富含更多維生素 B 群、膳食纖維及礦物質等營養素，不僅幫助寶寶排便，又可以讓寶寶充滿活力；此外，這階段的孩子即將快速抽高，所以要攝取足夠的蛋白質及鈣質豐富的食物，因此，以下關於一歲以上的大寶寶餐食設計會特別著重在這個部分，蛋白質食物吃的足夠，寶寶才會有體力，而且也比較不容易生病喔！

　　一歲～三歲的幼兒，每日的飲食指南，建議要均衡攝取六大類食物，關於每天的六大類食物攝取份量如下所示：

| 食物種類 | 份量 | | 份量說明 |
| --- | --- | --- | --- |
| | 活動量稍低 | 活動量適度 | |
| 全穀根莖類<br>＊未精緻<br>＊其他類 | 1.5 碗<br>1 碗<br>0.5 碗 | 2 碗<br>1 碗<br>1 碗 | 1 份 =1/4 碗（為一般家用飯碗）糙米飯、雜糧飯、米飯<br>= 熟麵條 1/2 碗、小米稀飯 1/2 碗<br>= 燕麥片三湯匙<br>= 半顆中型番薯<br>= 全麥饅頭 1/4 顆<br>= 全麥吐司 1 片 |
| 豆魚蛋肉類 | 2 份 | 3 份 | 1 份 = 黃豆（20 公克）或毛豆（50 公克）或黑豆（25 公克）<br>= 無糖豆漿 1 杯<br>=傳統豆腐3格（80 公克）、嫩豆腐半盒（140 公克）、小方豆干 1 又 1/4 片（40 公克）<br>= 魚（35 公克）、蝦仁（50 公克）<br>= 牡蠣（65 公克）、文蛤（160 公克）、白海參（100 公克）<br>=去皮雞胸肉（30 公克）、鴨肉、豬小里雞肉、羊肉、牛鰱（35 公克）<br>= 雞蛋 1 個 |

| 食物種類 | 份量 | | 份量說明 |
|---|---|---|---|
| | 活動量稍低 | 活動量適度 | |
| ＊乳品類 | 2 杯 | 2 杯 | 1 杯 =240 毫升全脂<br>= 鮮奶、保久奶、優酪乳 1 杯（240 毫升）<br>= 全脂奶粉 4 湯匙（30 公克）<br>= 乳酪（起司）2 片（45 公克）<br>= 優格 210 公克 |
| 蔬菜類 | 2 份 | 2 份 | 1 份 =100 公克<br>= 生菜沙拉（不含醬料）100 公克<br>= 煮熟後相當於直徑 15 公分盤 1 碟、大半碗<br>= 收縮率較高的蔬菜如莧菜、地瓜葉等，煮熟後約半碗<br>= 收縮率較低的蔬菜如芥蘭菜、青花菜等，煮熟後約 2/3 碗 |
| 水果類 | 2 份 | 2 份 | 1 份 = 切塊水果約 8 分滿碗<br>= 柳丁一顆<br>= 奇異果一顆（大）<br>= 香蕉（大）半根 |
| 油脂與堅果種子類 | 4 份 | 4 份 | 1 份 = 芥花油、沙拉油等各種烹調用油 1 茶匙（5 公克）<br>= 杏仁果、核桃仁（7 公克）或開心果、南瓜子、葵花子、黑（白）芝麻、腰果（10 公克）或各式花生仁（13 公克）或瓜子（15 公克）（堅硬的堅果，建議提供的形式為磨粉，較為安全） |

＊ 2 歲以下兒童不宜飲用低脂或脫脂乳品

＊活動量稍低：生活中常做輕度活動，如坐著畫畫、聽故事、看電視，一天約 1 小時不太激烈的動態活動，如走路、慢速騎腳踏車、玩翹翹版、盪鞦韆等。

＊活動量適度：生活中常做中度活動，如遊戲、帶動唱、一天約 1 小時較激烈的活動，如跳舞、玩球，爬上爬下、跑來跑去的活動。

# Part 3

# 工具篇：工欲善其事， 必先利其器

副食品的製備需要準備哪些東西？以及留意的細節
想要製備出適合不同月齡的寶寶副食品，用對料理烹飪工具很重要！

# Q 副食品的製備需要 準備哪些東西？

## 🍼 不同年紀，給予的食物 大小及質地也不同

　　副食品的製備會依照不同食材以及 不同的料理方式，運用到不同的器具及設備。副食品的給予最大的重點在於「不同年紀階段，給予的食物大小及質地應該有所調整」，像前一章節所提到的年紀 4 個月大到 5 個月大的小寶寶副食品餐食，食物的質地應呈現滑順無顆粒的濃流狀，以米飯穀類來說，先運用電鍋或蒸鍋將米飯穀類煮熟，

再加上白開水或是湯底，液體份量就依照想要的濃淡做調整，再以食物調理機攪打至濃稠滑順狀，就可以餵食小寶寶；若不想購買許多副食品相關的器具或是希望這些器具未來可以繼續使用而非階段性的話，除了家中一般常使用的電鍋、蒸鍋、炒鍋、湯鍋之外，建議額外再購買一台性能好的「食物調理機」，就可以順利完成許多副食品的製作，另外，針對於幼兒的點心製備，有些會需要運用到烤箱，以及一些可愛的壓模、蛋糕模具等。

| | 小寶餐食<br>（4m-5m） | 小寶餐食<br>（6m～8m） | 寶寶粥<br>（9m～12m+） | 大寶餐食<br>（12m～<br>15m+） |
|---|---|---|---|---|
| 食物型態<br>（質地、顆<br>粒說明） | 糊狀<br>＊無顆粒 | 泥狀<br>＊無顆粒，或是顆<br>粒是牙齦可壓<br>碎 | 半固體狀<br>＊顆粒是牙齦可壓<br>碎 | 固體食物<br>＊小丁（塊）狀、<br>炊飯狀、或正<br>常米飯樣 |
| 製作方式 | 將食物攪打至質地<br>濃稠滑順，湯匙撈<br>起呈現流動狀，水<br>分含量較多 | 將食物攪打成泥<br>狀，會有稍微小顆<br>粒感，但可以用舌<br>頭壓碎吞嚥 | 將食物切成細碎<br>狀，水分含量少，<br>呈現半固體，顆粒<br>感明顯，需要透過<br>舌頭及牙齦壓碎或<br>咀嚼吞嚥 | 食物切成小丁狀或<br>小塊狀，煮軟就<br>可以食用了，或是<br>優先提供軟質的食<br>物為主，視寶寶狀<br>況，咀嚼狀況不錯<br>的寶寶，也可以提<br>供稍微有硬度需要<br>咀嚼的食物 |
| 料理工具 | 運用蒸鍋、調理機<br>料理、磨泥器 | 運用蒸鍋、調理機<br>料理、磨泥器 | 運用蒸鍋、湯鍋、<br>食物剪刀 | 用蒸鍋、湯鍋、食<br>物剪刀 |
| 舉例 | 米糊、麥精糊、各<br>式全穀根莖類糊、<br>蔬菜糊等 | 各樣蔬菜泥、蛋黃<br>泥、魚泥、肉泥、<br>果泥等 | 各式粥品、麵食、<br>提供一些手指食物<br>（Finger food，<br>像是軟質香蕉、長<br>條胡蘿蔔等，食物<br>視狀況剪小） | 飯類、炊飯、麵食<br>等，提供一些手<br>指食物（Finger<br>food，像是軟質<br>香蕉、長條胡蘿蔔<br>等，食物視狀況剪<br>小） |

### 各類常見食材清洗切割注意事項

前面有提到，副食品建議以天然新鮮食材為主，不同的食材種類該如何清洗切割呢？

| 種類 | 蔬菜類 | 肉品類 | 海鮮類 |
|------|--------|--------|--------|
| 清洗切割注意事項 | * 不需要特別使用蔬菜洗滌劑，以自來水清洗後，再以流動水沖洗即可。<br>* 某些部位特別容易有泥沙堆積，應特別清洗。<br>* 先洗再切，避免營養流失。<br>* 颱風季節或產季尾聲應加強流動水清洗時間，或可利用冷凍蔬菜取代。 | * 若購買份量大，應先分裝再冷藏／凍保存（購買日期或保存期限清楚標明）。<br>* 新鮮肉品勿長時間浸泡水中，避免變質。<br>* 肉品不可反覆解凍再冷凍，避免造成細菌孳生。<br>* 解凍肉品應以冷藏冰箱解凍為優先，若以流動水解凍則要有完整包裝。 | * 避免用鹽水清洗。<br>* 清洗時多注意鰓、內臟部位，是否清洗乾淨。 |

### 處理食材過程要避免生熟食交叉汙染

處理生熟食的器具，如：砧板、刀具、鍋具，一定要分開使用，即使清洗過，仍不可以將處理生食器具用來處理熟食。

處理完生食一定要用清潔劑澈底清洗雙手。處理生食的檯面也要用清潔劑徹底清洗，不可只用抹布擦拭。

### 注意食物有所謂的「危險溫度帶」

一般來說食物危險溫度帶落在 7℃ 至 60℃ 之間，是細菌最容易快速生長繁殖的溫度，因此家中主要存放食物的冰箱，一定要定期察看冷藏溫度是否低於 7℃ 以下，才能有效抑制細菌滋長。而存放在冷藏的熟食，再次

食用也要徹底復熱，溫度至少超過 70℃以上，才能消滅大部分的病菌，較能安心食用。

　　不論冬天還是夏天，沒有吃完的食物應盡快放置冷藏庫冷藏（用餐完畢所有食物大概也已經接近室溫了，不用擔心食物太熱不能放冰箱），因為在室溫放置過久，就會增加細菌與毒素孳生的風險，基本上室溫下放置時間不超過 1 ～ 2 小時為限。

# 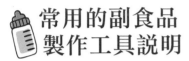 常用的副食品 製作工具說明

## ★ 加熱工具：

### ● 電鍋、蒸鍋：

　　主要是用以將食材蒸熟、蒸軟，善用電鍋、蒸鍋，爸媽不用分心顧瓦斯爐火，可以讓爸媽們專心照顧小孩，運用架高的層架，也可以一次蒸煮許多不同的料理，非常省時省事。比較常用來煮飯、蒸魚、煮湯品等，若加熱過久容易變黃的蔬菜就沒有那麼適合了，適合根莖類蔬菜像是紅、白蘿蔔等，葉菜類蔬菜比較容易因蒸煮過久變黃變爛了！

### ● 燉鍋、壓力鍋：

　　運用鍋內的壓力可以將食材燉煮到軟爛，像是肉類、白木耳等食材，就還蠻適合運用燉鍋、壓力鍋來烹煮，可以煮到入口即化的程度，適合給予 6~10 個月大的寶寶，作為副食品料理烹煮的實用工具。

● 微波爐：

　　主要可以用來解凍、復熱，像
是魚肉從冷凍拿出來想要快速解凍
的話，也可以運用微波爐的功能。另
外，比較常見的是「復熱」，但是在
副食品復熱的時候，一定要留意微波

爐

容易有受熱不均的問題，記得食物從微波爐拿出來後，務必攪拌均勻，而
且確保食物不會太燙，避免燙傷寶寶的口腔黏膜。

● 瓦斯爐：

　　最常見的傳統加熱方式，比較常用來短時間的煮、炒、煎等料理步驟。
像是清炒綠葉蔬菜，炒好後，運用食物調理機稍微攪打到想要的程度，就
可以輕鬆方便的餵食寶寶囉！此外，若需要長時間燉煮的料理不建議使用
瓦斯爐，還是交給電鍋或是燉鍋比較安全。

## ★ 攪打、切碎工具：

● 食物調理機：

　　現在食物調理機的種類越來越多元化，操作上也越來越簡單，基本上
可以依照想要攪打的程度，像是細碎、泥狀等不同狀態的質地，以蔬菜泥
舉例來說，作法就是將蔬菜料理煮熟好之後，放入適當的份量到食物調理
機內，攪打成細碎或泥狀，這過程可以視情況加入一些開水或湯品，以利
於攪打。其他食材也是如此（像是魚泥、肉泥等），煮熟後再運用食物調
理機攪打，可以節省爸媽製備副食品的時間，方便又快速。

　　另外，若是一些蒸熟質地就變軟的根莖類澱粉食物，像是番薯、南瓜、

馬鈴薯等，只需要稍微用大湯匙按壓就可以製備成泥狀的話，就不太需要用到食物調理機了，有時候運用手邊既有的小工具，就可以輕鬆完成，其實副食品的製備也沒有想像中那麼困難唷！

●食物剪刀：

主要是將食物剪短，剪成適合孩子口腔的大小，方便餵食，但是隨著孩子的增長，牙齒長得越來越多越齊全，不見得一定要運用食物剪刀，反而該鼓勵孩子自己用牙齒咬斷食物，訓練咀嚼力，咀嚼力的訓練對孩子來說，非常重要，會影響到往後的口語表達的能力與發展，所以食物剪刀僅是過渡期會運用到的小工具，但在孩子小的時候，外出用餐時還蠻方便的。

## ⭐ 儲存、保存工具：

主要是將製備好的食物泥、湯底分裝於大小適合的格子內，有別於以往的製冰盒，製冰盒多半是無蓋的形式，但現在的食物冰磚保存盒，一定會有蓋子，而且有硬殼或是軟質的矽膠材質，硬殼的方便於冰箱內堆疊，但需要的空間較大；而軟質矽膠材質的食物冰磚盒，訴求在於好拿取，各有優勢，而且容量大小多樣，爸媽們可以依照使用的習慣、每次給予副食品的份量多寡，以及冰箱容量大小來做挑選。

食物冰磚盒即使孩子長大了，也可以用來裝高湯底，每次拿取定量的

幾塊，煮菜料理的時候非常方便，或是可以用來裝孩子的小餅乾點心之類的，方便攜帶外出，實用性質高。

## ★ 常見的副食品存放容器：

●塑膠分裝盒：購買市售副食品塑膠分裝盒要注意是否有耐高溫的功能，若是使用家中現有塑膠盒來承裝，一定要確定食材溫度不可過熱，等食材完全涼了再倒入盒中，避免因為塑膠盒本身不耐高溫而產生毒素。若是寶寶剛開始嘗試副食品，每次食用量較小，可以選擇質地較軟（副食品冰磚較好脫離盒子）且附蓋子的製冰盒來承裝副食品，有蓋子也可以避免保存時與冰箱中其他食物造成交叉污染。家中最好準備 3 ～ 5 個這類的容器，每次製作副食品可以依照不同容器承裝不同種類的食物，如：蔬菜 1 ～ 2 盒、蛋白質類 1 ～ 2 盒、主食 1 ～ 2 盒，每次復熱副食品可清楚拿取不同種類食物冰磚，讓餐點更加均衡，照顧者在使用上也非常方便。

●玻璃保鮮盒：玻璃盒的使用較為方便，副食品製作完畢可以直接承裝，不必放涼，加熱時也可以直接復熱，但是這類容器較適合副食品食用量較大的寶寶，一般建議一餐裝一盒，其中可能就同時含有各類食物，但是若是可以確定當天能吃完（適合每天現煮現吃的家庭），也可以將當天的總量裝在大玻璃保鮮盒，冷藏儲存、較節省空間。

●密封夾鏈袋：此種包裝也是較適合副食品食用量較大的寶寶，一餐利用一個夾鏈袋包裝，復熱時只要拿出一袋即可解決一餐所需要的食物份量。照顧者可依照寶寶攝取量購買適合大小的夾鏈袋，若是家中有用不完的母乳袋也可拿來使用，記得副食品分裝在夾鏈袋中，記得要在袋子上標

明清楚製作日期，當然如果食物種類也可以一併註明會更好。

　　不論是哪種容器承裝，副食品製備後都不建議長時間保存，一般來說正餐吃的澱粉、蛋白質、蔬菜類，若是用冷凍方式儲存可以保存 4 ～ 5 天，冷藏儲存則建議 2 天內使用完畢（皆是沒有受到唾液污染的情況下），至於水果部分則建議當天吃完。

　　高湯也是製作副食品中很重要的營養來源，製作副食品過程中都會用到水，何不選擇具有多種營養價值的高湯，來當作副食品的【基底】呢！建議照顧者可以一次熬煮含有多種食材的高湯，如：紅蘿蔔、洋蔥、玉米、鮭魚骨等，作為每次製備副食品的水份來源。而高湯類分裝後不建議冷藏，冷凍保存較佳，請於一周內食用完畢。

　　任何放入冰箱的副食品，皆建議在外包裝標明清楚製作日期與內容物，冷凍過後外觀常會有所變化，若無標示容易發生使用錯誤的情況。

　　**＊營養師小提醒─副食品如何復熱？**
　　不論是哪種容器承裝的副食品，建議離開冷藏／凍後立刻進行加熱，不需要等待融化退冰後再復熱，在室溫下停留時間越久，越容易發生汙染的情況。

## ★ 盛裝容器：

### ● 吸盤碗：
　　4 ～ 6 個月寶寶開始嘗試吃副食品，若寶寶吃的狀況越來越好，到了 8、9 個月大的時候，手指頭抓握的靈活度越來越好，也可以開始給予寶寶一些手

指食物，像無添加的米餅等，或是在大一些開始訓練寶寶拿湯匙自己挖取食物的時候，就一定會需要「吸盤碗」做固定，吸盤碗可以透過吸力緊緊吸住桌面，即使小孩大動作揮舞，或是不小心碰撞到碗，都不太會造成翻倒或掉落，避免餐桌上一片狼藉，此外，現在有些吸盤碗的設計非常人性化，碗內的弧度有特別設計過，方便於寶寶在挖取食物的時候，提高成功率，過程中寶寶也會因為成功挖取食物而感到非常有成就感。

### ●兒童造型餐盤

寶寶在 1 歲之後，有些孩子在吃東西的時候，開始會出現不專心或是出現不感興趣的樣子，這時候可以運用一些兒童造型餐盤，來吸引孩子的目光，讓他重拾對吃飯的興趣，目前市售的造型餐盤材質多樣，有些是環保素材、有些是美耐米、有些是不鏽鋼成分的餐盤等，

若購買的是美耐米材質的話，務必留意美耐米最高耐熱溫度為攝氏 80 度，不適合放置剛料理好的高溫食物，適合放些水果或是小點心之類的食物，若會裝到溫度較高的食物的話，適合選擇不鏽鋼餐盤或其他標註適合耐高溫的餐盤為佳。

### ●分齡湯匙

寶寶在接觸副食品的過程，琳瑯滿目的湯匙及餵食器，相信許多新手爸媽們不知道該如何選擇？但

是湯匙的選擇方面可是大有學問在，若是選到不適合的話，也有可能會影響寶寶的進食心情喔！

▲ ianbaby® 頂級鉑金矽膠多功能防漏碗，質地柔軟不怕掉落摔破；獨家防漏杯蓋專利技術，密封防漏不溢出。耐熱耐冷多功能用途，造型及配色時尚典雅。

寶寶還比較小的時候，主要是爸媽們主導餵食，使用的湯匙需留意湯匙面大小、寬度及深度，這個部分攸關於每次想挖取的食物份量，若是寶寶的每口食量較小的話，可以選擇湯匙面較小、深度適中的湯匙來餵食；而隨著寶寶的長大，越來越有自己的想法及選擇，會開始想練習自己拿握湯匙的時候，以往由家長餵食的湯匙對於寶寶現在來說，就不適用了，若是要由寶寶主導的湯匙，湯匙的選擇握柄會比較短、胖，有些有防滑的設計，方便寶寶握緊湯匙，而在湯匙前端有些也有特殊弧度設計，以利寶寶挖取食物，順利放入口腔進食。

我們需要協助寶寶的部分，除了提高他的食慾之外，也要幫助他選擇適合他的湯匙及餐具，但進食的技巧的熟練與否，和是否有給予寶寶經常性的練習有關，因此，爸媽們先不要擔心食物落地這件事，可以在地面先鋪好報紙或塑膠墊，等孩子吃完後再一併整理就可以了，但給予孩子有充分的進食練習非常重要，訓練的機會越多，寶寶自己進食的成功率就越高，許多有經常性自己進食的寶寶，往往在 1 歲半到 2 歲左右，技巧就相當純熟，寶寶自己也會因為能夠「自己吃飯」而感到有自信、有成就感。

反觀缺乏練習的孩子，較容易形成依賴的習慣，以致於有些孩子到了3、4歲，甚至5、6歲，還極度仰賴大人餵食。因此，爸媽的態度與作法，對於孩子的進食能力有著極大的影響。放手**讓孩子探索食物的奧妙吧！**

　　以下稍微說明常見的幾款分齡湯匙，提供給爸媽們參考：

### ●柔軟離乳食湯匙

適合月齡：4 ～ 8 個月大　（爸媽餵食所使用的湯匙）

　　這款湯匙，適合寶寶剛接觸副食品階段，由爸媽主導餵食的湯匙，獨特設計過的波浪形握柄，方便大人餵食，也希望餵食的同時可以看到寶寶口內，而避免弄傷到寶寶喉部，湯匙握柄細長且輕巧，餵食省力。

### ●特殊湯匙（彎取角度）

適合月齡：9 個月以上

　　這組餐具經過特殊的設計，叉子形狀相當與眾不同，主要目的在於讓寶寶能夠集中精神及力量叉起小塊的食物，同時更能貼近孩子的小嘴。此外，針對於幼兒容易側著拿餐具的手勢，其握柄採用特殊的彎曲曲線，方便寶寶握拿，這款餐具也是深受許多國外的爸媽們喜愛。

適合月齡：15 個月以上

每一款的湯匙雖然所訴求的特色有所不同，但基本整體設計都是屬於短、胖形式，可以方便孩子的小手握拿。有些湯匙是握柄處有防滑設計，有些是有特殊造型，可以吸引寶寶的注意，增加對於進食的興趣；有些則是不鏽鋼素材，方便沖洗之外，也比較不容易被食物染色而造成湯匙變色。爸媽們可以依照寶寶的飲食習慣去選擇適合的湯匙唷！

另外，寶寶在使用叉子的時候，請爸媽要在寶寶旁邊留意觀看其使用。

適合月齡：24 個月以上

這款湯匙前端是設計成鏟子般的方形，利於貼合杯壁與杯底，讓小朋友更好挖起米飯等較小的顆粒。另外，鋸齒狀的叉子也是其特殊設計，在拿取麵條的時候特別方便，有些還會附有外出攜帶盒，便於收納。這款大寶寶的餐具普遍受爸媽們喜愛。

## ★ 其他餐食相關配件：

### ● 餐椅

寶寶在發展力的過程中，「坐的穩」是非常重要的一個里程碑，以往老一輩說的「七坐八爬九長牙」，但現在的寶寶營養狀態好、外界刺激多，似乎都不用到 7 個月大才會坐，甚至提早到 5、6 個月大就可以坐得不錯，若是稍微會搖晃的寶寶，只要稍微用寶寶椅輔助一下，就會坐得蠻穩了。

坐得穩的情況下，無論爸媽在餵食副食品或是寶寶自己坐著拿取米餅，都會是在非常安全的狀態下完成。因此，找到適合的餐椅，對於寶寶來說還蠻重要的，而且也是進食的一種儀式感建立，寶寶在坐上餐椅之後，就該知道現在要專心吃飯了。現在的餐椅設計非常多樣，有些會訴求延伸實用性，不只是寶寶吃副食品階段，甚至可以延伸使用到三至五歲幼兒階段都是沒問題的；有些會訴求攜帶、收納等便利性，即使外出上餐館用餐，也可以不受限於外食餐椅，墊高寶寶餐椅之後，就可以方便寶寶用餐，當然現在許多餐廳已經有提供嬰幼兒餐椅、餐具的貼心服務，讓爸媽省事許多。因此，爸媽們可以依照寶寶需求挑選適合的兒童餐椅。

●圍兜
主要在寶寶攝取及探索食物階段，避免食物掉落至衣物，以維持衣物的乾淨，市售圍兜的材質也非常多種，像是傳統的毛巾布面、矽膠材質或是各種型態都有，毛巾布面通常就是方便寶寶在吃的時候，爸媽可以一邊擦拭，比較沒有辦法有接住掉落食物的功能，但若是湯湯水水的話還蠻好用的；矽膠材質富彈性，好沖洗，也方便摺疊外出攜帶使用；甚至還有圍兜和托盤合為一體的，在寶寶自主探索食物階段，也是方便爸媽後續的整理及清潔，但外出攜帶就會比較不方便，比較適合居家使用；另外，一次性拋棄式環保材質的防水圍兜，輕巧也便於外出攜帶使用，爸媽們可以依照寶寶的需求及場合做挑選喔！

矽膠材質圍兜

傳統布面圍兜

防水塑膠材質圍兜

一次性拋棄式環保材質的防水圍兜

# Part 4

# 各月齡寶貝副食品
# 全收錄

寶寶的飲食影響著他們的健康及發育，
自己動手做副食品及點心，
才能讓寶寶吃進滿滿的營養與愛心。
推薦所有的爸媽們，一起來動手做副食品吧！
沒有料理經驗也能輕鬆完成哦！

# 白米糊、胚芽米糊

適合
4～6 個月

 **材料：白米糊**

白米量為米杯刻度 2、水量是米量的 7 倍

 **步驟：**

❶ 白米洗淨，加入 7 倍水量於內鍋，外鍋 1 米杯的水，按下電鍋開關，跳起來後燜 5 分鐘，再用調理機攪打成糊狀即可。

 **材料：胚芽米糊**

胚芽米量為米杯刻度 2、水量是米量的 5 倍

 **步驟：**

❶ 胚芽米洗淨，加入 5 倍水量於內鍋，外鍋 1 米杯水，按下電鍋開關，跳起來後燜 5 分鐘，再用調理機攪打成糊狀即可。（其他穀類作法亦同。）
❷ 胚芽米糊（五倍粥，胚芽米跟水比例 1：5）。

💗 **營養師小叮嚀**

1. 於白米糊（七倍粥，白米跟水比例 1：7）。
2. 胚芽米糊（五倍粥，胚芽米跟水比例 1：5）。
3. 若孩子對於米糊接受度大，可以給予對腸胃負擔較小的不同穀物，像是胚芽米、小米等。
4. 除了穀物之外，也可以給予根莖類澱粉食物，像是番薯、南瓜、山藥等。

# 食物泥、寶寶粥品
## 蔬果泥

### ★ 材料：小松菜泥

小松菜適量、水適量

### ★ 步驟：

❶ 小松菜洗淨、去掉粗梗、川燙撈
起，淋上些許食用油（芥花油／
芝麻油／橄欖油等），再用調理
機攪打成泥狀即可。（其他蔬菜泥作法亦同。）

### ★ 材料：胡蘿蔔泥

胡蘿蔔適量、水適量

### ★ 步驟：

❶ 胡蘿蔔洗淨、削皮切薄片、川燙撈起，淋上些許食用油（芥花油／
芝麻油／橄欖油等），再用調理機攪打成泥狀即可。（其他蔬菜泥
作法亦同。）

### ♥ 營養師小叮嚀

1. 蔬菜的提供避免總是攝取同一種，建議可以替換其他不同種類的蔬菜，能夠
讓寶寶攝取到不同的營養素及植化素。
2. 小寶寶的腸胃道發育尚未完全，纖維較粗的菜梗建議去除，先給予較嫩、好
消化吸收的部位。

# 魚泥、肉泥

適合
6～8 個月

★ **材料：**

去刺魚肉適量、開水適量

★ **步驟：**

❶ 魚肉蒸熟，挑掉魚刺後，加入適
量開水（或是湯），再用調理機
攪打成泥狀即可。

★ **材料：牛肉泥**

牛肉適量、開水適量

★ **步驟：**

❶ 牛肉選擇較嫩、筋較少的部位，切細條狀後，先用食用油稍微於鍋
具內拌炒至熟後，加入適量開水（或是湯），再用調理機攪打成泥
狀即可。
❷ 其他肉泥作法亦同。

♥ 營養師小叮嚀

1. 推薦魚類：鮭魚、鱸魚、紅目鰱魚、台灣鯛魚、多利魚等，魚肉較為細緻，
   適合小寶寶食用。
2. 深海魚容易有重金屬汙染等問題，建議盡量少提供給寶寶。
3. 牛肉富含鐵質，適合添加於小寶寶粥品內，而對於素食寶寶來說，可以選擇
   高鐵蔬菜，像是菠菜、紅鳳菜、髮菜、紫菜等，避免素食寶寶缺鐵的風險。
4. 除了紅肉類（豬瘦肉、牛肉、羊肉）富含鐵質之外，豬肝、牡蠣、蛤蠣等，
   也都有豐富的鐵質，可以替換不同食物給寶寶，但記得食物質地要做調整。

# 粥品——
# 菠菜牛肉胚芽粥

適合
9 〜 12 個月
以上

**★ 材料：**

胚芽米飯半碗、菠菜泥 5 公克、牛肉泥
30 公克、洋蔥番茄湯底 300 毫升、食用
油 5 公克

**★ 步驟：**

❶ 洋蔥番茄湯底先以小火煮滾，加入食用油後，將菠菜泥和胚芽米飯
　加入鍋內，待快濃稠狀時，加入牛肉泥，煮熟即可。

**♥ 營養師小叮嚀**

1. 洋蔥番茄湯可以增強寶寶的抵抗力，當然也可以替換成其他湯底，像是昆布
　湯底、雞湯、魚湯等。

# 食物泥、寶寶粥品
## 粥品—
## 昆布魚蓉胚芽粥

適合
**9～12 個月**
以上

**★ 材料：**

胚芽米飯半碗、胡蘿蔔泥 5 公克、魚蓉 30 公克、昆布湯底 300 毫升、
食用油 5 公克

**★ 步驟：**

❶ 昆布湯底先以小火煮滾，加入食用油後，將胡蘿蔔泥和胚芽米飯加
入鍋內，待快濃稠狀時，加入魚蓉，煮熟即可。

❤ 營養師小叮嚀

1. 魚茸指的是可以入口即化的嫩魚肉，對於腸胃道尚未發育完全的小寶寶來說，
   較好消化吸收。
2. 昆布湯底也可以替換成魚湯、蔬菜湯做不同的變化。

# 食物泥、寶寶粥品
## 粥品—
### 蔬食雞蓉胚芽粥

適合
9 ~ 12 個月
以上

### ★ 材料：

胚芽米飯半碗、花椰菜（取花部位）細
碎 5 公克、鴻喜菇 5 公克、雞蓉 30 公克、
雞湯 300 毫升、食用油 5 公克

### ★ 步驟：

❶ 花椰菜和鴻喜菇加入少許高湯，以調理機攪打至細碎狀備用。
❷ 雞湯底先以小火煮滾，加入食用油，再將碎花椰菜、鴻喜菇及胚芽
　米飯放入，待快濃稠狀時，加入雞茸，煮熟即可。

### ♥ 營養師小叮嚀

1. 雞茸為細緻的雞肉末，雞肉的纖維較豬肉好消化，蛋白質的食物也可以替換
　 成豆腐、魚茸、牛肉泥等。
2. 雞湯可以替換成蔬菜湯、昆布湯、魚湯等。

# 粥品—
# 胡蘿蔔蛋黃豆腐胚芽粥

適合
9～12 個月
以上

### 材料：

胚芽米飯半碗、胡蘿蔔泥 5 公克、蛋黃 10 公克、嫩豆腐 30 公克、雞湯 300 毫升、食用油 5 公克

### 步驟：

① 雞湯底先以小火煮滾，加入食用油，將胡蘿蔔泥、嫩豆腐及胚芽米飯放入鍋內，待快濃稠狀時，加入蛋黃液，煮熟即可。

### ♥ 營養師小叮嚀

1. 胚芽米粥的營養價值高於白粥，也可以在白粥內加入番薯泥、南瓜泥、山藥泥等，來增添白粥的營養素。
2. 蛋黃富含卵磷脂、β-胡蘿蔔素等營養素，對於寶寶的腦部及眼睛發育很有幫助。
3. 嫩豆腐較嫩且細緻、好消化，但含鈣量不高，若要提高鈣攝取量的話，建議可以替換成傳統豆腐（即是板豆腐）。

**★ 材料：**

小米為米杯刻度 2 份量、水量為半米杯
（米杯刻度 6）、番薯 25 公克、黑芝麻
粉 7 公克（1 匙）

**★ 步驟：**

❶ 小米洗淨，加入開水於內鍋，外鍋 1 米杯水，也可以同時蒸番薯，
　電鍋跳起來後燜 5 分鐘。
❷ 番薯壓成泥狀，加入黑芝麻粉及小米粥，拌勻即可。

💜 **營養師小叮嚀**

1. 番薯可以替換成南瓜，讓寶寶可以嘗試多種食材，而且無論番薯或是南瓜，
　本身都帶有甜味，寶寶接受度大。
2. 好油脂的部分，黑芝麻粉也可以替換成核桃油。

# 粥品—
# 昆布鮭魚五穀粥

適合
12～15 個月
以上

### 材料：

五穀飯半碗、胡蘿蔔小丁狀（0.5cm）
5 公克、細嫩鮭魚末 30 公克、昆布湯底
300 毫升、食用油 5 公克

### 步驟：

❶ 昆布湯底先以小火煮滾，加入食用油，將胡蘿蔔丁和五穀米飯加入
鍋內，待快濃稠狀時，加入鮭魚末，煮熟即可。

### ♥ 營養師小叮嚀

1. 魚蓉的部份建議使用入口即化的嫩魚肉。
2. 若寶寶腸胃較弱，可以將五穀米換成較好消化的胚芽米。
3. 鮭魚有豐富的 DHA 魚油以及維生素 D，非常適合生長發育中的寶寶食用。
   DHA 可以幫助寶寶腦細胞發育，讓寶寶反應機靈且有好的記憶力；維生素 D
   攝取足夠的話，有助於鈣質的吸收，強健骨骼及牙齒。
4. 昆布湯底若來不及準備的話，也可以直接先將鮭魚燉煮成魚湯，再加入其他
   食材料理。

# 粥品—
# 菠菜牛肉燕麥粥

適合
12 ～ 15 個月
以上

**★ 材料：**

燕麥飯半碗、碎菠菜 5 公克、牛肉末 30
公克、洋蔥番茄湯底 300 毫升、食用油
5 公克

**★ 步驟：**

❶ 洋蔥番茄湯底先以小火煮滾，加入食用油，將菠菜和燕麥飯加入鍋
內，待快濃稠狀時，加入牛肉末，煮熟即可。

**♥ 營養師小叮嚀**

1. 燕麥飯做法：以 3/4 杯白米 +1/4 杯燕麥片，即可烹煮出來。
2. 菠菜及牛肉皆富含鐵質，有助於預防寶寶貧血，攝取足夠的鐵質，也能幫助
　 寶寶的腦部發育及認知功能。
3. 洋蔥番茄湯也可以替換成魚湯、雞湯、昆布湯等，可以做出不同風味的粥品。

食物泥、寶寶粥品
## 粥品──
# 蔬食雞茸山藥粥

適合
**12～15 個月**
以上

**★ 材料：**

山藥飯半碗、花椰菜（取花部位）細碎
5 公克、鴻喜菇 5 公克、雞肉末 30 公克、
雞湯 300 毫升、食用油 5 公克

**★ 步驟：**

❶ 花椰菜取花的部位，和鴻喜菇一同切成細末。

❷ 雞湯底先以小火煮滾，加入食用油，放入花椰菜、鴻喜菇及山藥飯，
待快濃稠狀時，加入碎雞肉，煮熟即可。

♥ 營養師小叮嚀

1. 山藥飯做法：以 1 ／ 2 杯白米 +1 ／ 2 杯山藥小丁（0.5cm），所烹煮出來。

2. 山藥含有豐富的酵素、維生素 B1、維生素 C、鈣與鉀等營養素，能夠強健身
體，改善疲勞，促進寶寶消化，具有整腸健胃的作用。

3. 雞湯可以替換成魚湯、蔬菜湯、昆布湯等，可以做出不同風味的粥品。

食物泥、寶寶粥品
粥品—
南瓜小松菜牛肉粥

適合
12～15 個月
以上

**★ 材料：**

白米飯半碗、南瓜削皮切小丁狀 10 公克、小松菜 5 公克、牛肉末 30 公克、洋蔥番茄湯底 300 毫升

**★ 步驟：**

❶ 小松菜取葉部分，切細碎備用。

❷ 洋蔥番茄湯底先以小火煮滾，先放入南瓜小丁，煮到七、八分熟後，加入食用油、小松菜及白飯，待快濃稠狀時，加入牛肉末，煮熟即可。

**♥ 營養師小叮嚀**

1. 小松菜鈣質非常豐富，適合小孩食用，但梗的部位較硬，建議取葉的部位煮粥較為適合。

2. 蔬菜的部分也可以替換成菠菜、地瓜葉、高麗菜、茄子等，讓孩子嘗試多種食材，可以避免未來偏食、挑食的問題。

3. 牛肉也可以替換成豬絞肉末，或是羊肉末，提供鐵質豐富的來源。

4. 洋蔥番茄湯可以替換成魚湯、蛤蜊湯〔帶有鮮甜味〕、昆布湯等，可以做出不同風味的粥品。

## 寶貝點心
# 水果奶酪

典型的義式奶酪，是在義大利料理的餐後小點心，通常會使用大量的濃厚鮮奶油來增添乳香味，但過多的鮮奶油反而會增加寶寶身體的負擔，透過提高鮮奶的比例、降低鮮奶油量以及糖量，搭配上新鮮的水果丁，非常適合給孩子當作飯後點心。

適合
1 歲以上

 **材料**：（4 份）

全脂鮮奶 360 毫升、鮮奶油 30 毫升、異麥芽寡糖 30 公克、吉利丁片 2 片（5 公克）、綜合水果丁（綠奇異果半顆、黃奇異果半顆、藍莓適量等）。

 **器具**：

小鍋子、耐熱攪拌匙

 **步驟**：

❶ 吉利丁片泡冰水至軟後（泡約半小時），取出擰掉多餘水分後備用。
❷ 將全脂鮮奶放於鍋內，以小火溫熱煮，再趁熱加入異麥芽寡糖攪拌至溶化。
❸ 利用餘熱將已泡過冰水的吉利丁放入鮮奶鍋內，攪拌至溶化，最後加入少許鮮奶油拌勻。
❹ 趁熱裝入耐熱容器內，放涼後置於冷藏庫內 4 ～ 5 小時以上，凝固後即可享用。

# 寶貝點心
# 高鈣芝麻牛奶餅乾

營養師很喜歡運用鈣質含量豐富的黑芝麻來做烘焙，餅乾的形狀或大小可以依照寶寶的生長發育狀況去做調整，若是一歲多的孩子就可以做成短胖好握的餅乾，便於寶寶食用；若是兩、三歲的大寶寶，可以做成長條狀或圓餅狀。

適合
1 歲以上

**★ 材料：**（約 20 塊）

低筋麵粉 165 公克、高鈣黑芝麻粉 10
公克、寶寶奶粉 30 公克、酪梨油（或其
他植物油）30 公克、雞蛋 1 顆、異麥芽
寡糖（粉狀）或糖粉 50 公克

**★ 器具：**

鋼盆、攪拌匙、麵棍

**★ 步驟：**

❶ 低筋麵粉、黑芝麻粉先過篩備用。

❷ 於鋼盆內將酪梨油和雞蛋攪拌均勻，再加入寶寶奶粉及異麥芽寡糖
　攪拌均勻至無顆粒，再分次加入已過篩的低筋麵粉，以切拌方式攪
　拌成糰，放置冰箱冷藏半小時後，取出整型。

❸ 將麵糰平均分成 20 等分，搓圓壓扁成圓餅狀，再用叉子壓出圖案，
　或是搓成長條狀也可以。

❹ 烤箱預熱 160 度 15 分鐘，以上下火 160 度烤 18 ～ 20 分鐘，170
　度烤 3 分鐘上色，出爐後放涼即可享用。

**♥ 營養師小叮嚀**

　1. 這款餅乾也可以替換做成起司牛奶口味，將黑芝麻粉換成起司粉就可以囉！

# 寶貝點心
# 福氣小饅頭

市售的小饅頭餅乾都太甜，而且添加很多香料，對小孩子來說實在是不太健康，也很容易蛀牙，所以只要把這道簡單的小點心學起來，就不用去外面買，而且還能夠和稍微大一點的孩子們一起動手做點心唷！

適合
**10 ～ 12 個月**
以上

 **材料：**（約 100 顆，3~4 人份）

蛋黃 2 顆、日式太白粉（馬鈴薯澱粉）
120 ～ 125 公克、糖粉 40 公克、奶粉
10 公克（可用嬰幼兒奶粉）

**器具：**

鋼盆、攪拌棒

**步驟：**

❶ 蛋黃和糖粉分次混合均勻，攪拌至無顆粒即可，再加入奶粉攪拌均
勻。

❷ 分次加入日本太白粉，該步驟需要輕拌，讓日本太白粉可以吃粉完
全，再用手揉成糰（黏手的話可以加些手粉），再整型捏成小球狀
鋪至烤盤上，等待烘烤。

❸ 預熱烤箱 160 度 15 分鐘。

❹ 以上下火 160 度烤 15 分鐘，170 度烤 3 ～ 5 分鐘上色，出爐後撥
開放涼即可享用。

# 寶貝點心
# 迷你動物造型饅頭

饅頭的製作僅需要四種食材就可以完成，若再進一步將白饅頭做成童趣的造型饅頭的話，對於胃口不好的孩子來說，多少可以引起想吃的意願，而且饅頭還蠻適合讓孩子自己拿著慢慢吃，但要留意搭配一些開水或牛奶，避免太乾而噎食！

適合
10 ～ 12 個月
以上

**材料：**（約 3 顆）（造型示範：貓咪）

中筋麵粉 100 公克、細砂糖 16 公克、
酵母 1 公克、開水（或牛奶／或無糖豆
漿）56 毫升、天然色粉適量

★ **器具：**

鋼盆、大同電鍋（或蒸鍋）、饅頭紙、
保鮮膜或濕布、棉花棒

★ **步驟：**

❶ 於乾淨鋼盆內放入中筋麵粉、細砂糖及酵母，再加入液料，攪拌成
糰後，以稍微有些力道的方式揉麵糰至光滑，用保鮮膜蓋住，以免
麵糰表面水氣散失而乾燥。

❷ 每顆主體為 40 公克重，然後再加入你要的色粉，搓揉至色澤均勻，
然後再製作配件（如貓咪鼻子、耳朵、手腳等）。同主體一樣，用
喜愛的色粉揉至均勻。

❸ 運用棉花棒沾些液料，塗抹在主體和配件的接觸面上，稍微乾一
下，此時是最黏的時候，再將配件黏著上去。

❹ 造型完成後，放在饅頭紙上，再置於蒸盤上，準備入鍋蒸。

❺ 以 40 度左右的熱水注入於大同電鍋的外鍋，水深約 1/2 鍋深，然
後放上蒸盤，蓋上鍋蓋，發酵 15 分鐘後，按下開關計時 20 分鐘，
待開關跳起後，燜 1 ～ 3 分鐘後，小心開鍋（避免水氣滴落），放
涼即可食用。

💛 **營養師小叮嚀**

1. 造型饅頭保存，冷藏可以一週，冷凍可以一個月，要吃的時候不用特別退冰，
只要於電鍋內加入半杯水回蒸就可以食用囉！以囉！

## 寶貝點心
# 迷你三角蘋果派

外面市售的蘋果派，派皮油膩對寶寶的健康來說是個負擔，營養師教新手爸媽懶人做法，不用買市售派皮，只要買全麥吐司，就可以做出好吃又健康的蘋果派唷！

適合
**1 歲以上**

**★ 材料：**（6 個迷你三角蘋果派）

全麥吐司 3 片（去邊）、蘋果丁 80 公克、
蜂蜜 5 ～ 10 公克、蛋黃 1 個、適量開
水

**★ 器具：**

鍋具、刀子、叉子、小刷子

**★ 步驟：**

① 全麥吐司去邊、蘋果切丁備用。

② 於鍋內放入蘋果丁及適量開水，小火加熱煮軟（需要用鍋鏟不停翻
攪，避免燒焦），再加入蜂蜜拌勻，煮至蘋果變軟後，即可熄火，
盛起備用。

③ 全麥吐司先對角對折一半剪開成兩個大的等腰三角形，將煮軟的蘋
果蜂蜜內餡置於大三角形吐司內，再次對折，運用叉子把三角形的
兩個邊壓緊（壓出叉子的痕跡），就形成迷你蘋果派，再用刀子在
上面割出一、兩刀，然後刷上蛋黃液後，準備入烤箱。

④ 烤箱預熱 160 度 15 分鐘，以上下火 160 度烤 20 分鐘後，取出放
涼即可享用。

**♥ 營養師小叮嚀**

1. 酸甜蘋果有部分甜味了，就不再加細砂糖，僅使用蜂蜜調味，味道就非常棒
囉！若大人也想一起吃的話，則可以加些肉桂粉增添香氣。

# 寶貝點心
# 椰糖全麥戚風蛋糕

戚風蛋糕是所有蛋糕類最清爽的一種，而且是使用植物油而非奶油，所以我時常會做健康的戚風蛋糕給孩子吃或是製作成生日蛋糕。一般的戚風蛋糕多半是使用低筋麵粉製作而成，但若能換成纖維豐富的全麥麵粉會更好，對於平時蔬菜吃得少的孩子來說，透過全穀雜糧類也可以補充到豐富的膳食纖維，而且用全麥麵粉所做成的戚風蛋糕，一樣非常好吃唷！

適合
**1 歲以上**

**材料：**（6 吋戚風蛋糕一個，約 6 人份）

全粒粉（或是全麥麵粉）50 公克、雞蛋 3 顆（蛋黃、蛋白先分好）、細砂糖 40 公克、椰糖 10 公克、鮮奶 50 公克、食用植物油（像酪梨油或橄欖油）20 公克

**器具：**

鋼盆、電動打蛋器、攪拌匙、六吋中空戚風蛋糕模具

**步驟：**

❶ 先將雞蛋的蛋黃和蛋白分開備用；全粒粉（或全麥麵粉）過篩備用。

❷ 製作蛋黃糊：取一小鍋，將蛋黃、鮮奶、油攪拌均勻，加入椰糖攪拌至無顆粒，再倒入已過篩的全粒粉攪拌均勻靜置備用。

❸ 事先預熱烤箱（上下火 160 度 15 分鐘）。接著打蛋白，取一乾淨鋼盆（必須乾淨無水），用電動打蛋器以高速攪打蛋白，然後分三次加入細砂糖，攪打蛋白至光滑小勾狀的狀態即可；取 1/3 蛋白霜加入蛋黃糊內，以切拌方式拌勻後，再將整鍋的蛋黃糊倒入剩下的蛋白霜，同樣以同方向的切拌方式拌勻，倒入六吋中空蛋糕模具內，入烤箱前輕震一、兩次將大泡泡震出後，入烤箱。

❹ 以上下火 160 度烤 25 分鐘，150 度烤 10 分鐘，最後以探針確認是否全熟，確定熟了之後，取出倒扣放涼，然後脫模。（脫模的步驟要脫得漂亮，可能需要多練習幾次，成功率就會高出許多！）

❺ 烤好的蛋糕，放涼後就可以享用了，想進一步製作成生日蛋糕的話，就可以開始裝飾囉！

♥ 營養師小叮嚀

1. 有麩質過敏的小孩，可以將全麥麵粉改成米穀粉，製作成米蛋糕唷！

2. 家中若沒有椰糖的話，也可以使用黑糖取代，或是改成一半異麥芽寡糖，一半細砂糖也可以。即使全部是使用細砂糖，50 公克的份量也已經是減糖版本囉！

# 寶貝點心
# 壓模餅乾 （動物、童趣壓模）

壓模餅乾是最容易上手且製作起來最有成就感的烘焙製品，即使平時不太會做餅乾麵包的爸媽們，都可以馬上做好完成，而且還可以跟孩子一起動手玩烘焙，只要準備一些孩子喜愛的壓模圖案，保證做出來的壓模餅乾讓孩子對你們刮目相看唷！

適合
**1 歲以上**

144

 **材料：**（約 15 ～ 20 片不等）

低筋麵粉 200 公克、酪梨油 25 公克、
雞蛋 1 顆、異麥芽寡糖（粉狀）或糖粉
60 公克

**器具：**

鋼盆、攪拌匙、擀麵棍

**步驟：**

❶ 低筋麵粉先過篩備用。

❷ 於鋼盆內將酪梨油和雞蛋攪拌均勻，再加入異麥芽寡糖攪拌均勻至
　 無顆粒，再分次加入已過篩的低筋麵粉，以切拌方式攪拌成糰，放
　 置冰箱冷藏半小時後，取出整型。

❸ 以擀麵棍將麵糰桿至 0.5 公分厚度，再運用壓模按出可愛的圖形，
　 放置於烤盤上入烤箱烘烤。

❹ 烤箱預熱 160 度 15 分鐘，以上下火 160 度烤 18 ～ 20 分鐘，170
　 度烤 3 分鐘上色，出爐後放涼即可享用。

💛 **營養師小叮嚀**

　　市售餅乾多半使用含有高飽和脂肪的奶油、棕櫚油所製作而成，孩子吃多了也
　不利於健康，因此，這款壓模餅乾，我運用酪梨油來取代奶油，製作出更健康
　的餅乾，讓孩子吃得健康，爸媽也放心。

# 寶貝點心
# 手揉優格葡萄乾小餐包

有許多家長問過營養師，我小孩很喜歡吃麵包，但市售的麵包高奶油、高糖份，時常吃對寶寶的健康會較有負擔。若想自己做比較健康的麵包給孩子吃的話，那麼我很推薦這款麵包哦！一起來動手揉麵糰，育兒的壓力透過揉麵糰的過程，好像都揉光光了呢！

適合
**1 歲以上**

 **材料：**（約 9 個）

高筋麵粉 270 公克、酪梨油 10 公克、雞蛋 1 顆、無糖優格 140 公克、細砂糖 20 公克、酵母 3 公克、葡萄乾 40 公克

**器具：**

鋼盆、攪拌匙、方形深烤盤（22cm x 22cm x 4.5cm）

**步驟：**

① 先將雞蛋和無糖優格拌勻後備用。

② 於鋼盤內加入高筋麵粉、細砂糖、酵母以及雞蛋優格液，攪拌成糰，再分次加入酪梨油，揉製成光滑麵糰後，進入第一次發酵。

③ 將鋼盆內的麵糰蓋上濕布，置於密閉烤箱內（烤箱內放置一杯熱水），進行發酵一小時，待麵糰發酵至 1.5 ～ 2 倍大小即可取出。

④ 取出排氣，拌入葡萄乾，均勻切割成 9 個，滾圓、放入烤盤內（烤盤內抹上薄油，撒上薄粉），蓋上濕布，進入第二次發酵，約 30 分鐘後，入烤箱烘烤。

⑤ 烤箱預熱 170 度 15 分鐘，以上下火 170 度烤 30 分鐘，以上火 180 度烤 3 ～ 5 分鐘上色，出爐後放涼即可享用。

💛 **營養師小叮嚀**

1. 若沒有方形深烤盤的話，也可以於一般烤盤上鋪上烘焙紙，滾圓放置於其上，一樣也可以製作出好吃的麵包唷！

2. 這款麵包屬於百搭基本款，可以揉入各種喜歡的食材，像是起司塊、黑芝麻粉、各類果乾等，變換成不同口味。

# 寶貝點心
## 一口芝麻鬆餅

孩子在生長發育期間，長牙、長高非常重要，如何巧妙在飲食中增加鈣質的攝取，運用香氣十足且高鈣的黑芝麻粉加入烘焙及料理之中，是非常聰明的方式唷，不僅香氣能促進小孩的食慾，黑芝麻的好油脂更能增加點心的營養密度。市售的一口鬆餅多半使用奶油，我們利用純的麻仁醬來取代將近一半的奶油，讓一口芝麻鬆餅更健康唷！

適合
1 歲以上

⭐ **材料：**（約 20 顆一口鬆餅）

低筋麵粉 100 公克、純麻仁醬 20 公克、奶油 25 公克、全蛋液 25 公克、糖粉（或異麥芽寡糖）45 公克、黑芝麻粉 7 公克、寶寶喝的奶粉 10 公克、無鋁泡打粉 2 公克

⭐ **器具：**

鋼盆、攪拌匙、鬆餅機

⭐ **步驟：**

① 低筋麵粉和無鋁泡打粉一起先過篩備用。

② 純麻仁醬、奶油待軟化後，再和糖粉（或異麥芽寡糖）攪拌至無顆粒，然後加入全蛋液，攪拌至完全乳化狀，依序加入奶粉和黑芝麻粉拌勻。

③ 之後再拌入已過篩的粉類，以切拌方式拌成糰後（此時麵糰會稍微有一點黏手），用保鮮膜包起來，於冰箱冷藏 20 分鐘後（冰過之後就會較好操作）。

④ 鬆餅機可以先預熱。

⑤ 從冰箱冷藏取出分割 10 公克為一小份搓圓，放置於鬆餅機的十字烤盤上，烤熟後取出放涼，即可享用。

# 寶貝點心
# 水果優格冰棒

炎炎夏日，燜熱難耐，總是想吃冰消暑。但市售的冰棒或雪糕，往往高糖高熱量，不妨在家運用優格或優酪乳，加入一些當季水果丁，水果帶有甜味，可以降低精製糖的使用量，只要食材都準備好後，放進冷凍庫半天，就可以輕鬆完成水果優格冰棒囉！

適合
**10 個月以上**

 **材料：**（約 6 個）

原味優酪乳 500 毫升、黃色或綠色奇異果 60 公克、紅火龍果 60 公克

 **器具：**

冰棒模具六個一入

**步驟：**

❶ 綠色和黃色奇異果、紅火龍果削皮、切丁備用。

❷ 於鍋具內倒入優酪乳及綜合水果丁拌勻，挖取適量的份量倒入冰棒模具內，即可入冷凍庫，冰半天左右，凝固後即可享用。

❸ 水果可以挑選顏色豐富，或是寶寶喜歡的水果搭配。

# 寶貝點心
## 香軟麵包布丁

運用柔軟的全麥土司，搭配上蛋液，吸飽蛋汁的吐司在烘烤之後，香軟好入口，吃起來還有些像布丁的口感，適合當作大寶寶的早餐或是餐間點心！再大一些的孩子，還可以加入酸甜的果乾和杏仁片做變化，增加香氣及口感。

適合
**1 歲以上**

 **材料：**（約 3 人份）

麵包（全麥吐司）100 公克（約 3 片）、雞蛋 2 顆、蛋黃 1 個、細砂糖（或異麥芽寡糖）30 公克、鮮奶 200 毫升、果乾 1 大匙（可略）、杏仁片 1 小匙（可略）

**器具：**

鋼盆、細目濾網、長型烤皿（20cmx12cm 大小）、深烤盤

**步驟：**

❶ 全麥土司切成塊狀（或撕成塊狀）備用；雞蛋 2 顆、蛋黃 1 個及細砂糖放入盆中打散備用。

❷ 牛奶小火加溫 3 ～ 4 分鐘（不需要沸騰），將溫牛奶以線狀倒入蛋液中，邊倒邊攪拌均勻。

❸ 混合完成的牛奶蛋液用細目濾網過篩，再將牛奶蛋液倒約 1cm 深在長型烤皿中；吐司塊整齊排入烤皿中吸收蛋液，再將剩餘的牛奶蛋液倒滿，稍微放置 7 ～ 8 分鐘讓吐司完全吸收蛋液。

❹ 最後入烤箱前，表面均勻灑上一些果乾及杏仁片（或是綜合堅果）。

❺ 利用蒸烤方式：烤箱預熱到 150 度，深烤盤內倒入約 1cm 高的沸水。

❻ 再將長型烤皿放於深烤盤內，再入烤箱中烘烤 30 ～ 35 分鐘至蛋液完全凝固，烤熟出爐，放涼即可享用，或是冷藏冰過更好吃。

💜 **營養師小叮嚀**

1. 牛奶蛋液過濾後所製作的麵包布丁，吃起來的口感會更細緻。

# 寶貝點心
# 海苔起司玉子燒

雞蛋含有豐富好消化的蛋白質、卵磷脂、維生素 A、B2 及礦物質等營養素，搭配上纖維及礦物質豐富的海苔，以及鈣質豐富的天然起司，如此的組合搭配起來，絕對是寶寶們喜愛的料理。製備起來既簡單又好吃，爸媽們一定要學起來唷！

**適合**
**1 歲以上**

**材料：**（2 人份）

雞蛋 4 顆、無調味海苔片 1 片、天然起司片 2 片、適量橄欖油

**器具：**

玉子燒平底鍋

**步驟：**

❶ 將雞蛋打散，海苔片對切備用。。

❷ 取一玉子燒平底鍋，開小火加熱，抹上薄薄一層橄欖油熱鍋。

❸ 倒入一部分蛋液，在快凝固時，放上一片海苔片，然後緩慢地捲起。

❹ 再倒入一部份的蛋液，再鋪上一片天然起司片，然後慢慢捲起。重複動作，直到蛋液用完，盛起後切塊，即可享用。

💛 **營養師小叮嚀**

1. 食材內有雞蛋，適合副食品嘗試過雞蛋且無過敏的寶寶，通常是適合一歲以上的孩子食用。

2. 玉子燒裡面也可以變換很多食材，像是加入剁碎的洋蔥、胡蘿蔔及蘑菇，包在軟軟的蛋捲裡，就可以輕鬆地把蔬菜吃下肚囉！

3. 天然起司片優於加工起司片，相關的比較，請詳見 QA12。

# 寶貝點心
## 彩色豆腐湯圓

傳統的湯圓主要是用糯米粉所製作而成，但糯米的黏性較一般米飯高，對於過小的幼兒和吞嚥狀況不佳的長輩來說，是相當危險的製品。但經過營養師的巧思，加入嫩豆腐所製作而成的豆腐湯圓，大幅度降低黏性，運用色彩繽紛的不同天然食物粉（像是南瓜粉、菠菜粉、紫薯粉、甜菜粉、紅麴粉等），就可以做出吸睛的彩色豆腐湯圓。大一點的孩子，更可以一起搓湯圓同樂，非常有趣。

適合
1.5～2歲
以上

★ **材料：**（40 ～ 50 顆，視大小而訂）

糯米粉 150 公克、嫩豆腐 150 ～ 160 公克、適量天然食物粉（可以依照自己喜歡的色澤深淺做調整。）（天然食物粉像是南瓜粉、菠菜粉、抹茶粉、紫薯粉、甜菜粉、紅麴粉、黑芝麻粉等。）

糖水製備：由於彩色豆腐湯圓製作過程無加糖，可以加入適量的異麥芽寡糖製備淡淡的糖水，增添風味。

★ **器具：**

鋼盆、鍋具

★ **步驟：**

❶ 將嫩豆腐於鋼盆內稍微搗碎，加入糯米粉及天然食物粉，攪拌均勻成糰，若太濕可加些粉，太乾則加些水或豆漿（或鮮奶），搓成你想要的大小。

❷ 滾水下去煮，浮起來就表示熟了，撈起備用，加入適量糖水就可以享用。

# 寶貝點心
# 迷你手擀小披薩

自製披薩的好處就是麵皮可以自己擀,能夠準備孩子喜歡的食材做搭配,若是有兩歲以上的幼兒,更是可以和孩子一起同樂做披薩哦!

適合
**1 歲以上**

⭐ **材料**：（2 人份，直徑 15cm／個）

1. 比薩麵糰：高筋麵粉 120 公克、速發酵母 2 公克、細砂糖 8 公克、橄欖油 1 小匙（5 公克）、開水 72 毫升、適量手粉
2. 餡料：洋蔥（切絲）、甜椒（切段）、水煮鮪魚罐頭、義大利香料、義大利番茄醬、比薩專用乳酪絲

⭐ **器具**：

鋼盆、烤盤、刀子

⭐ **步驟**：

① 洋蔥切絲，甜椒清洗乾淨、切段備用。
② 於鋼盆內加入高筋麵粉、速發酵母、糖和開水，大致揉至均勻後，加入橄欖油，揉製成光滑的麵糰。
③ 將鋼盆內的麵糰蓋上濕布，置於密閉烤箱內（烤箱內放一杯熱水），發酵 1 小時，待麵糰發酵至 1.5 倍大小即可取出。
④ 分割成兩塊麵糰，分別擀成圓餅狀（厚度約 0.5 公分），抹上義大利番茄醬，鋪上洋蔥、甜椒以及鮪魚，最後撒上義大利香料以及滿滿的乳酪絲，準備入烤箱烘烤。
⑤ 烤箱先預熱 160 度 15 分鐘，再以上下火 160 度烤 20 分鐘、上下火 170 度烤 5 分鐘，烤熟即可趁熱享用。

💜 **營養師小叮嚀**

1. 披薩餡料可以準備孩子喜歡的食材。
2. 乳酪絲屬於六大類食物中的乳製品，可以提供給孩子豐富的鈣質及維生素 D。

# 彩色繽紛水餃

自製五彩水餃，從擀麵皮開始，加入一些天然蔬果汁，像是菠菜、胡蘿蔔或紫薯（或紫高麗菜）等，製作出色彩繽紛食物，可以引起寶寶的食慾，而且適合寶寶張口大小的水餃，若不包內餡的話，切呈長條狀，也可以變化成五彩麵條，搭配一些蔬菜、魚片就能煮成湯麵，或是炒菇菇肉燥做成乾拌麵，也相當不錯。對於食慾不好的寶寶來說，肯定可以開胃多吃一些。

適合
**10 個月以上**

:star: **材料**：（各種顏色各 20 顆）

1. 菠菜麵皮：菠菜（去根）40 公克、中筋麵粉 150 公克、開水 60 公克、適量手粉
2. 胡蘿蔔麵皮：胡蘿蔔（去皮）30 公克、中筋麵粉 150 公克、開水 50 公克、適量手粉
3. 紫薯麵皮：紫薯粉 15 公克、中筋麵粉 135 公克、開水 80 公克
4. 餡料：豬絞肉 50 公克、香菇（泡水泡軟）三大朵、高麗菜 40 公克、少量調味、適量芝麻油

:star: **器具**：

鋼盆、鍋具、 麵棍、調理機、細篩網

## ★ 步驟：

❶ 高麗菜洗淨剁碎，擠掉多餘水分、備用；香菇泡水泡軟後，剁碎並擠掉多餘水分，再將豬絞肉、調味料和芝麻油攪拌均勻，備料完成。

❷ 川燙菠菜、撈起，加入開水，運用調理機打成菠菜汁，用細篩網濾出菠菜汁，加入中筋麵粉，搓揉成麵糰，蓋上布醒麵 1 小時後，即可擀麵皮。

❸ 胡蘿蔔去皮切片，川燙後撈起，加入開水，攪打成胡蘿蔔汁，用細篩網濾出胡蘿蔔汁，加入中筋麵粉，搓揉成麵糰，蓋上布醒麵 1 小時後，即可擀麵皮。

❹ 於鋼盆內加入中筋麵粉、紫薯粉及開水，揉製均勻後，蓋上布醒麵一小時後，即可擀麵皮。

❺ 撒上一些手粉，將麵糰擀成 0.3 公分厚度的麵皮，再用小的圓形杯口，壓出圓形的麵皮，接著就可以包入餡料、備用。

❻ 煮滾水，下彩色水餃，浮起表示熟了，即可撈起享用。

### ♥ 營養師小叮嚀

1. 彩色水餃餡料可以準備孩子喜歡的食材，豬絞肉可以替換成蝦仁、魚肉等，高麗菜可以替換成胡瓜、韭菜等。

2. 若不想從榨蔬菜汁開始，也可以買市售天然蔬果粉，若是使用胡蘿蔔粉、南瓜粉、蔬菜粉、甜菜根粉的話，就是使用紫薯麵皮的配方來製作！提供給大家不同的製作方法，做出來的彩色水餃一樣繽紛可口喔！

# 寶貝點心
## 銀耳燉雪梨

銀耳也就是「白木耳」，是一種菇類，屬於六大類食物的蔬菜類，富含有水溶性膳食纖維、多醣體及一些礦物質等營養素。除了可以幫助寶寶排便順暢之外，還有助於提升自我的保護力，對抗外來的病菌。可以運用燉鍋將銀耳和水梨煮得軟綿，入口即化，銀耳雪梨湯煮好可以直接享用。六個月以上的寶寶，可以加入泡好的嬰兒配方奶做成下午點心；一歲以上的大寶寶就可以加入鮮奶，做成銀耳雪梨奶凍飲。

適合
**10 個月以上**

 **材料**：（2～3人份）

新鮮白木耳半朵、開水適量（蓋過食材分量）、水梨半顆、少許冰糖或是異麥芽寡糖（可略）

**器具**：

燉鍋

**步驟**：

1. 水梨削皮去籽、切小塊備用。
2. 將新鮮白木耳洗淨，用手撕成小塊狀備用。
3. 將食材置於燉鍋內，加入適量開水，稍微蓋過食材的份量即可。
4. 燉好後即可享用。

💜 營養師小叮嚀

1. 銀耳燉雪梨這道點心，很適合幫助寶寶潤腸、潤肺、保養呼吸道。
2. 若要做成銀耳雪梨奶凍飲的話，一歲以下的寶寶，可使用嬰兒配方奶粉；一歲以上的大寶寶，可使用鮮奶。奶類必須最後煮完再加入，不適合久煮喔！

# 寶貝點心
# 馬鈴薯豆腐蔬菜餅

運用多種蔬菜，搭配上馬鈴薯及豆腐，製成豆腐堡，很適合當作下午小點心，或是寶寶胃口不好，也可以直接當作正餐食用。因為有根莖類澱粉、優質蛋白質及蔬菜的搭配，營養密度高且均衡。

適合
**10 個月以上**

⭐ **材料：**（5～6塊）

馬鈴薯 120 公克、青蔥 20 公克、洋蔥 20 公克、胡蘿蔔 20 公克、板豆腐 50 公克、鹽巴少許、芝麻油 10 公克、中筋麵粉少許

⭐ **器具：**

鋼盆、調理機

⭐ **步驟：**

❶ 馬鈴薯削皮、切片，蒸熟後搗泥備用。

❷ 青蔥、胡蘿蔔處理好後，將洋蔥、青蔥、胡蘿蔔用調理機攪打均勻備用。

❸ 於鋼盆內將板豆腐稍微搗碎，加入上述三種蔬菜、馬鈴薯泥、芝麻油及少量鹽巴，攪拌均勻後，若太濕黏，可以加些中筋麵粉當手粉調整，挖取適量份量，用手掌壓成圓餅狀。

❹ 取一平底鍋，將馬鈴薯豆腐蔬菜餅兩面煎至熟，即可盛裝享用。

💗 **營養師小叮嚀**

1. 蔬菜可以選擇小孩喜歡的種類，若選擇容易出水的蔬菜，剁碎後，稍微擠乾水分再做後續步驟。

2. 部分豆腐也可以換成雞肉或魚肉，變化出不同口味的馬鈴薯蔬菜餅。

## 寶貝點心
# 雞肉蔬菜丸

市售的丸子屬於加工製品，業者會為了口感及彈性，添加比較多的調味料以及磷酸鹽食品添加物。其實在家自製健康的丸子並沒有那麼難，這次的「雞肉蔬菜丸」運用雞肉、多種蔬菜，攪打成漿狀，再搭配上芝麻油提香，就可以輕鬆完成雞肉蔬菜丸囉！自製丸子的好處就是可以依照孩子的牙口發育來做調整，不僅孩子吃得安心，爸媽也會很有成就感。

適合
**1 歲以上**

 **材料：**（約 15 ～ 20 顆）

雞胸肉絞肉 150 公克、青蔥 10 公克、洋蔥 10 公克、高麗菜 10 公克、蛋白 10 公克、芝麻油 1 小匙、鹽巴少許

**器具：**

鋼盆、調理機、鍋具

**步驟：**

❶ 青蔥、洋蔥、高麗菜洗淨、切末備用。

❷ 用調理機將雞絞肉、三種蔬菜及芝麻油，攪打成泥狀，加入少量鹽巴調味備用。

❸ 煮一滾水，用兩支湯匙弄成想要的份量，快速放入滾水中，浮起表示熟了，撈起即可食用。

💜 **營養師小叮嚀**

1. 蔬菜可以選擇小孩喜歡的種類，若選擇容易出水的蔬菜，剁碎後，稍微擠乾水分再做後續步驟。
2. 這款蔬菜雞肉丸口感較軟，可以調製一些番茄肉醬淋在上面，或是加入各式湯品都適合。

# 酪梨蘋果牛奶

酪梨在六大類食物中，屬於油脂及堅果種子類，其內所含有的不飽和脂肪酸佔有七成以上，是好油脂來源的代表之一。這一道酪梨蘋果牛奶是很適合在夏天喝的飲品，蘋果的甜味搭配上酪梨，都無須再加精緻糖來調味囉！蘋果含有豐富的果膠，能夠刺激腸道蠕動，酪梨的油脂又可以潤腸，每次排便都要很辛苦的寶寶，爸媽不妨可以做這杯健康飲品給孩子喝。

適合
1 歲以上

**材料：**（2 人份）

酪梨（去皮去籽）40 公克、蘋果 60 公克、
鮮奶 300 毫升

**器具：**

果汁機、刀子

**步驟：**

❶ 酪梨及蘋果都先去皮、去籽，切丁備用。

❷ 以果汁機將切好的酪梨、蘋果及鮮奶一起攪打，即可享用。

💜 **營養師小叮嚀**

1. 因為有使用鮮奶，所以會建議一歲以上的寶寶飲用。

2. 建議現打現喝，避免久放營養素氧化變質。

# 寶貝點心
# 芝麻香蕉奶昔

芝麻在六大類食物中,屬於油脂及堅果種子類,其內含有豐富的必需脂肪酸,對於寶寶的成長發育來說,是好油脂的代表之一。營養師要來教新手爸媽這道高鈣飲品,可以幫助寶寶長高長壯,甜味來自於香蕉,無須再添加精緻糖調味囉!這道飲品和酪梨蘋果牛奶一樣,也是可以幫助腸道順暢的飲品唷!

適合
**1 歲以上**

★ **材料**：（2 人份）

香蕉 1 根、高鈣黑芝麻粉 1 大匙、鮮奶
250 毫升

★ **器具**：

果汁機

★ **步驟**：

❶ 以果汁機將去皮香蕉、黑芝麻粉及鮮奶一起攪打，即可享用。

♥ **營養師小叮嚀**

　1. 因為有使用鮮奶，所以會建議一歲以上的寶寶飲用。
　2. 未滿一歲的寶寶，可以將鮮奶換成無糖豆漿，攪打成「芝麻香蕉豆奶」也非
　　　常適合。

**★ 材料：**

雞骨架 3 個、洋蔥 1 顆、蔥白 50g（約 5 根）

**★ 步驟：**

❶ 雞骨架先川燙、之後用清水洗淨雜質。

❷ 從白切段、洋蔥切塊。

❸ 將所有食材放入鍋中，加水蓋過食材。

❹ 熬煮 30 ～ 40 分鐘即可。

**♥ 營養師小叮嚀**

1. 蔥白與洋蔥都有很好的抗菌效果，在感冒流行的秋冬季節，或是家中有人感冒時，作為提升免疫力，預防感染的好選擇喔！

# 寶貝湯品
## 紅棗海帶芽排骨湯

176

### ★ 材料：

排骨 300g、海帶芽（海帶）20g、紅棗
7〜8 枚、蔥段 少許、薑片 少許

### ★ 步驟：

❶ 排骨洗淨切段，海帶芽與紅棗泡水備
　用。
❷ 排骨先川燙、之後用清水洗淨雜質。
❸ 放入排骨、蔥段和薑片，大火煮開後轉中小火燉煮 40 分鐘左右。
❹ 蔥段和薑片丟棄，放入海帶芽、紅棗燉煮 5 分鐘即可。

### ♥ 營養師小叮嚀

1. 可依照牙口功能發育程度給予不同藻類，初期以海帶芽為優先，待發育成熟
　可以嘗試給予海帶。藻類含有天然鹽分，自然調味最好！

# 冬瓜鮭魚骨湯
## （富含 omage-3 油脂，幫助腦部、眼睛發育）

📋 **材料：**

鮭魚骨 200g、冬瓜 200g、薑片 少許

📋 **步驟：**

❶ 冬瓜切塊備用。

❷ 將所有食材放入鍋中，加水蓋過食材。

❸ 熬煮 30 ～ 40 分鐘即可。

💜 **營養師小叮嚀**

1. 副食品初期可能無法攝取大量鮭魚肉，這個時期善用鮭魚骨熬湯，也可以攝取到豐富的 omega-3 油脂。冬瓜也可以當作手指食物的選擇喔！

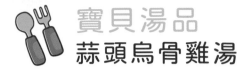

### ★ 材料：

烏骨雞 1／4 隻、蛤蜊 8～10 顆、蒜頭 7～8 個、薑片 少許、青蔥 少許

### ★ 步驟：

1. 將烏骨雞洗淨切成小塊，青蔥切成蔥花備用。
2. 將烏骨雞先川燙、之後用清水洗淨雜質。
3. 取一內鍋，將雞塊、薑片及蒜頭放入，再倒入清水醃過食材。
4. 外鍋放 1 杯水後，內鍋放入電鍋煮，待電鍋開關彈起後，加入蛤蜊。
5. 外鍋再放 1/2 米杯水後，略煮。
6. 最後撒上蔥花即可。

### ♥ 營養師小叮嚀

1. 烏骨雞與白肉雞都很營養，都是優質蛋白質來源。若是買不到烏骨雞也可以利用白肉雞取代。

# 絲瓜蛤蜊湯

⭐ **材料：**

絲瓜 1 ／ 2 條、蛤蜊 20 ～ 30 顆、薑絲 少許、蔥花 少許

⭐ **步驟：**

❶ 絲瓜切塊備用。

❷ 薑絲放入鍋內加水燒開之後，再放入絲瓜，煮滾之後放入蛤蠣，最後煮滾，熄火放入蔥少許完成。

💙 **營養師小叮嚀**

1. 蛤蜊含有豐富的鋅，鋅參與細胞生長、分裂，若體內缺乏鋅則可能引起為覺障礙進而影響食慾。

寶貝湯品
# 玉米排骨湯

**★ 材料：**

豬小排 200g、玉米 1 條、白蘿蔔 1 ／ 2 條

**★ 步驟：**

❶ 將豬小排先川燙、之後用清水洗淨雜質。
❷ 玉米跟白蘿蔔分段備用。
❸ 所有食材放入鍋中，加水淹過食材約 8 分滿，熬煮 40 分鐘即可。

♥ 營養師小叮嚀

1. 玉米與白蘿蔔很適合當作手指食物選擇喔！

番茄紅蘿蔔牛肉湯

★ **材料**：

牛肉 250g、番茄 2 顆、白蘿蔔 1／2 條、
紅蘿蔔 1 條、薑片 少許

★ **步驟**：

❶ 牛肉川燙備用、之後用清水洗淨雜
　 質。

❷ 番茄切大塊備用。

❸ 紅蘿蔔、白蘿蔔切滾刀。

❹ 薑跟牛肉置於鍋中煮滾，再加入番茄。

❺ 加入紅白蘿蔔燜煮 40 分鐘。

❻ 熄火不要馬上開蓋，讓餘溫把牛肉燜的更軟一點。

💗 **營養師小叮嚀**

　1. 紅蘿蔔也可以當作手指食物喔！

寶貝湯品
魚片豆腐味噌湯

⭐ 材料：

鯛魚片 1 片、豆腐 1 盒、蔥少許、味噌
1 大匙。

⭐ 步驟：

① 魚片及豆腐切塊、蔥切小粒狀備用。

② 將所有食材放入鍋中，加水蓋過食材。

③ 水煮滾後用濾網將味噌在滾水中攪拌，使之充分溶化在水中。

④ 最後撒上蔥花即可。

# 寶貝湯品
## 南瓜蔬菜濃湯

**材料：**

南瓜 1/2 顆、高麗菜 80g、紅蘿蔔 1/2 根、
牛奶 100 毫升、高湯 300 毫升

**步驟：**

① 南瓜切塊放入電鍋中蒸軟，取出後去
　皮去籽。
② 將蒸好的南瓜塊用大湯匙壓碎變成泥狀。
③ 高麗菜切成絲、紅蘿蔔切成丁備用。
④ 將高麗菜與紅蘿蔔放入高湯中煮 20 分鐘。
⑤ 將南瓜泥放入蔬菜湯中繼續煮 5 分鐘，最後加入牛奶即可。

♥ 營養師小叮嚀

1. 其中多種食材都很適合直接做為手指食物，其中添加的蘋果天然甜味也可以
　讓湯品風味更加分。

# 寶貝湯品
# 百菇排骨湯

**材料：**

豬排骨 300g、杏鮑菇 100g、金針菇 50g、雪白菇 50g、蔥花 少許

**步驟：**

① 排骨川燙備用、之後用清水洗淨雜質。

② 將杏鮑菇滾刀切、金針菇與雪白菇對半切備用。

③ 所有食材放入鍋中，加水蓋過食材燜煮 40 分鐘。

④ 最後撒上蔥花即可。道更好。

# 寶貝湯品
## 蘋果蔬菜雙骨湯

★ 材料：

豬排骨 300g、雞骨架 2 個、蘋果 1 顆、
紅蘿蔔 1 根、玉米 1 根

★ 步驟：

1. 豬排骨、雞骨架先川燙、之後用清水洗淨雜質。
2. 蘋果切片、紅蘿蔔滾刀切塊、玉米切塊備用。
3. 將所有食材放入鍋中，加水蓋過食材燜煮 40 分鐘即可。

♥ 營養師小叮嚀

1. 其中多種食材都可以作為手指食物的選擇喔！

# 寶貝湯品
## 洋蔥蛋花湯

**★ 材料：**

洋蔥 1 顆、雞蛋 2 顆、大蒜 2 ～ 3 個

**★ 步驟：**

1. 洋蔥切絲、蛋打散、蒜頭壓扁備用。
2. 水滾後加入洋蔥與蒜，大蒜煮熟增加湯品甜味。
3. 最後淋上蛋液煮滾即可，加點香油味道更好。

♥ **營養師小叮嚀**

1. 副食品中油脂是很重要的熱量來源！

## 寶貝湯品
# 毛豆玉米筍雞骨湯

**★ 材料：**

雞骨架 2 個、毛豆 50g、玉米筍 50g、薑片 少許

**★ 步驟：**

1 雞骨架先川燙、之後用清水洗淨雜質。
2 玉米筍滾刀切備用。
3 將所有食材放入鍋中加水蓋過食材，燜煮 30 分鐘即可。道更好。

♥ 營養師小叮嚀

1. 少許玉米筍可以不要切，整根可作為手指食物喔！

**材料：**

帶肉排骨 300g、大黃瓜 1 條、薑片 少許

**步驟：**

❶ 豬排骨先川燙、之後用清水洗淨雜質。

❷ 大黃瓜去皮切半，挖掉中間的籽放入電鍋蒸至電鍋跳起（外鍋加入一杯水）。

❸ 將所有食材放入鍋中加水蓋過食材悶煮 30 分鐘即可。

♥ 營養師小叮嚀

1. 大黃瓜可以作為手指食物的選擇喔！

# 寶貝湯品
## 牛奶蔬菜毛豆濃湯

★ **材料：**

毛豆 100g、洋蔥 1 顆、牛奶 100 毫升、
高湯 400 毫升、食用油 少許

★ **步驟：**

❶ 將油鍋加熱放入洋蔥炒香。

❷ 加入毛豆、高湯煮 10 分鐘。

❸ 放涼後，放入果汁機中攪打。

❹ 將攪打後的毛豆濃湯導回鍋中，加入牛奶煮滾即可。

♥ 營養師小叮嚀

1. 牛奶加入煮滾即關火，勿久煮避免牛奶焦化！

寶貝湯品
小魚乾鮭魚骨湯

**★ 材料：**

鮭魚骨 200g、小魚乾 20 尾、海帶芽
10g、柴魚片 少許、味噌 1 大匙

**★ 步驟：**

❶ 將鮭魚骨與小魚乾加入 500 毫升白開
　水中熬煮 15 分鐘。

❷ 加入海帶芽續煮 5 分鐘。

❸ 用濾網將味噌在滾水中攪拌，使之充分溶化在水中。

❹ 最後撒上柴魚片即可。

♥ **營養師小叮嚀**

1. 小魚乾富含豐富鈣質，除了熬湯提味，若寶寶牙口功能發育成熟，也可當作
手指食物。待長大後，小魚乾仍然是孩子良好的零嘴選擇，但是要注意調味
喔！

寶貝開心‧爸媽放心

ianbaby® 媽咪餐桌系列，以簡單、安心為兩大訴求，
選用材質安全單純的頂級鉑金矽膠，搭配低彩的簡單色調，
希望寶貝們在安心入口之餘，也能為育兒繁忙的媽咪們，
創造出優雅的用餐氛圍。

SGS　　FDA　　KC　　🍴　　KCC　　TR

ianbaby®
伊恩寶貝

官網

FACEBOOK

LINE

IG

## 產品資訊

FACEBOOK官方粉絲團：ianbaby。伊恩寶
LINE ID：@ianbaby
Instagram：@ianbaby.official
客服信箱：ianbaby.help@gmail.com

立即掃描 QRcode獲得$50官網折扣碼
(限 媽咪餐桌系列 商品使用)

50元

# 爸媽最安心的嬰幼兒副食品
## ── 專業營養師為寶貝量身打造的副食品全書

出版發行

橙實文化有限公司 CHENG SHI Publishing Co., Ltd

粉絲團 https://www.facebook.com/OrangeStylish/

MAIL: orangestylish@gmail.com

| | | |
|---|---|---|
| 作　　　者 | 宋明樺・林俐岑 | |
| 總 編 輯 | 于筱芬 | CAROL YU, Editor-in-Chief |
| 副總編輯 | 謝穎昇 | EASON HSIEH, Deputy Editor-in-Chief |
| 業務經理 | 陳順龍 | SHUNLONG CHEN, Sales Manager |
| 媒體行銷 | 張佳懿 | KAYLIN CHANG, Social Media Marketing |
| 美術設計 | 楊雅屏 | Yang Yaping |
| 攝　　影 | 陳順龍 | SHUNLONG CHEN |
| 製版／印刷／裝訂 | 皇甫彩藝印刷股份有限公司 | |
| 贊助廠商 | | |

── 編輯中心 ──

ADD／桃園市大園區領航北路四段382-5號2樓

2F., No.382-5, Sec. 4, Linghang N. Rd., Dayuan Dist., Taoyuan City 337, Taiwan (R.O.C.)

TEL／（886）3-381-1618 FAX／（886）3-381-1620

── 經銷商 ──

聯合發行股份有限公司

ADD／新北市新店區寶橋路235巷弄6弄6號2樓

TEL／（886）2-2917-8022　FAX／（886）2-2915-8614

初版日期 2022年2月

Orange Baby

· · ·

爸媽最安心的嬰幼兒副食品

**Orange Baby**

• • •

爸媽最安心的嬰幼兒副食品